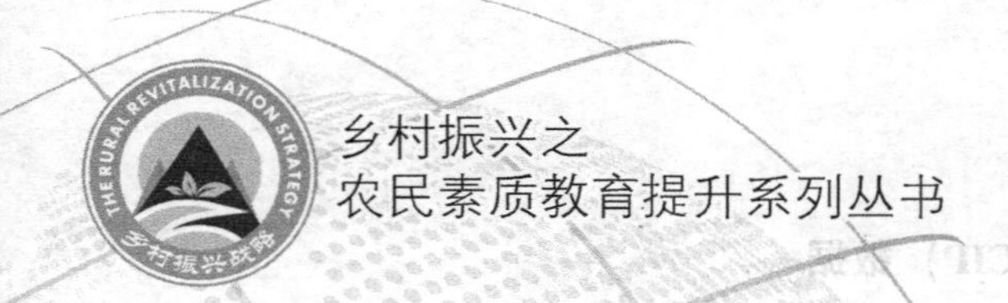

乡村振兴之
农民素质教育提升系列丛书

农业企业经营与管理实务

◎ 黄军平　张熙青　于 雷　主编

中国农业科学技术出版社

图书在版编目（CIP）数据

农业企业经营与管理实务 / 黄军平，张熙青，于雷主编. —北京：中国农业科学技术出版社，2020. 7（2024.8重印）

（乡村振兴之农民素质教育提升系列丛书）

ISBN 978-7-5116-4817-4

Ⅰ. ①农…　Ⅱ. ①黄…②张…③于…　Ⅲ. ①农业企业管理　Ⅳ. ①F306

中国版本图书馆 CIP 数据核字（2020）第 108689 号

责任编辑　徐　毅
责任校对　贾海霞

出 版 者　中国农业科学技术出版社
北京市中关村南大街 12 号　邮编：100081
电　　话　(010)82106631(编辑室)　(010)82109702(发行部)
(010)82109709(读者服务部)
传　　真　(010)82106631
网　　址　http://www. castp. cn
经 销 者　各地新华书店
印 刷 者　北京捷迅佳彩印刷有限公司
开　　本　850 mm×1 168 mm　1/32
印　　张　7
字　　数　180 千字
版　　次　2020 年 7 月第 1 版　2024 年 8 月第 6 次印刷
定　　价　32. 00 元

《农业企业经营与管理实务》

编　委　会

前　言

农业企业是新型农业经营主体的重要组成部分。在国家政策的扶持下，我国农业企业数量不断增加，但由于大多企业缺乏现代企业经营管理知识，自企业开办以来得不到成长或者发展很慢，以至于长期处于中小型企业，在国际市场环境中更是面临着巨大的竞争压力。为了适应培养农业企业经营管理人才的需要，由多年农经管理教学经验的资深教师与农业企业的管理实践专家编写了本书。

企业是社会的经济细胞，是市场经济活动的主体，而经营管理则是企业最基本的活动。农业企业经营管理的内容非常广泛，不仅涉及农业企业供、产、销各环节，也涉及人、财、物的各要素。本书从概述、农业企业组建、农业企业经营策略、农业产业化经营与标准化生产、农产品质量安全管理、人力资源管理、物资管理、资金管理、农产品营销管理等方面，以通俗易懂的语言对农业企业的经营与管理进行了介绍。

限于编者水平有限，再加上时间仓促，书中难免存在不足之处，敬请广大读者批评指正。

编　者

2020 年 4 月

目 录

第一章　概　述

第一节　农业企业和农业企业经营管理

一、农业企业

（一）农业企业的概念和特征

1. 农业企业的概念

农业企业是随着商品经济的发展以及农业产业链的不断延伸而逐步发展起来的一种企业组织形态。凡是直接从事农业商品性生产以及与农产品生产经营直接相关的活动的营利性及互助性的经济组织，都属于农业企业的范畴。这里的农产品包括种植业、林业、畜牧业、渔业生产过程所产出的产品，是广义农产品的概念。

2. 农业企业的特征

农业企业具备企业的一般属性，例如，独立核算、自主经营、自担风险、自负盈亏，同时，又具有如下特征。

（1）农业企业的经营对象是农产品，其最终产品可以是初级农产品，也可以是以初级农产品为原料生产的初加工或部分深加工产品。

（2）农业企业风险更大。不仅随时面临市场风险，而且受自然条件的限制，自然风险突出。

（3）农业企业一般地处农村，生产条件差，工作环境艰苦，吸纳人才的能力较差。

(4) 农业企业很难获得超额利润。由于农业企业的成本高，再加上市场与自然双重风险，经济效益带有明显的不确定性，因此，利润水平一般较低。

(二) 农业企业的类型

1. 按行业不同划分

将农业企业分为种植业（及其产品加工品）企业、林业（及其产品加工品）企业、畜牧业（及其产品加工品）企业、渔业（及其产品加工品）企业。

2. 按经济形式不同划分

(1) 独资企业。独资企业是指企业完全由一个人所有和控制。这是农业企业中最常见的一种形式，也是最容易组建的组织形式。

(2) 合伙企业。合伙企业是指企业由合伙人所有和控制，其形式包括两种：普通合伙企业和有限合伙企业。普通合伙企业由普通合伙人组成，合伙人对合伙企业债务承担无限连带责任。有限合伙企业由普通合伙人和有限合伙人组成，普通合伙人对合伙企业债务承担无限连带责任，有限合伙人以其认缴的出资额为限对合伙企业债务承担责任。由于合伙企业组建门槛低，如普通合伙企业有两个以上合伙人，有限合伙企业有两个以上50个以下合伙人，具有一定的出资（没有出资多少的要求）、名称和生产场所，即可以组建合伙企业，因此，合伙企业是农业企业中较为常见的形式之一。

(3) 农民专业合作社。所谓农民专业合作社是指在农村家庭承包经营基础上，同类农产品的生产经营者或者同类农业生产经营服务的提供者、利用者，自愿联合、民主管理的互助性经济组织。合作社是一种使用者拥有、使用者控制的企业形式。在我国农村家庭承包经营的背景下，农民势单力薄，有合作的需求和

愿望，尤其是2001年7月1日《中华人民共和国农民专业合作社法》的施行，推进了农民专业合作社的发展。因此，农民专业合作社成为目前农村比较普遍的一种农业企业形式。

(4) 有限责任公司。有限责任公司是现代企业组织形式之一，有独立的法人财产，享有法人财产权。公司以其全部财产对公司的债务承担责任，股东以其认缴的出资额为限对公司承担责任。设立有限责任公司有人数和注册资本的要求，非一人有限责任公司要求50人以下，注册资本最低限额为3万元人民币，一人有限责任公司的注册资本最低限额为10万元人民币。随着市场经济的不断深入，现代企业制度的理念不断形成，有限责任公司形式正逐渐成为农业企业的主要形式之一。

(5) 股份有限公司。股份有限公司也是现代企业组织形式之一，有独立的法人财产，享有法人财产权。公司以其全部财产对公司的债务承担责任，股东以其认购的股份为限对公司承担责任。设立股份有限公司有发起人和注册资本的要求。发起人应当有两人以上200人以下，且其中须有半数以上的发起人在中国境内有住所，其注册资本的最低限额为500万元人民币。近年来，一些社会资本倾向农业行业，并从工商行业转向农业行业，具有一定实力的农业企业逐渐发展成为股份有限公司，使股份有限公司也成为农业企业中的一种形式。

二、农业企业经营管理

1. 经营管理

所谓经营管理就是要解决生产经营什么、生产经营多少、如何生产经营和为谁生产经营等问题，以达到提高生产经营效果的目标。

“经营管理”包括“经营”和“管理”两个方面。所谓经营，是指在一定条件下，为实现企业目标，对企业各种经营要素和供、产、销环节进行合理地分配和组合，并以获得经济效益为目的的全部经济活动过程。所谓管理，是指管理者为了达到一定的经营目标，对管理对象进行计划、组织、指挥、协调、控制等一系列活动的总称。在企业中因管理对象的不同，划分为劳动管理、设备管理、资金管理、成本管理等。

2. 农业企业经营管理

农业企业作为一个经济组织，遵循企业经营管理的一般规律。所谓农业企业经营管理，是指对农业企业整个生产经营活动进行决策、计划、组织、控制、协调，并对企业成员进行激励，以实现其任务和目标的一系列工作的总称。

农业企业管理属于行业经营管理，它是以单个农业企业的经济活动为考察对象，研究农业微观组织经营活动的规律。其目的是合理地组织企业内外生产要素，促使供、产、销各个环节相互衔接，以尽可能少的劳动和物质消耗，生产出更多的符合社会需要的产品，实现农业企业的利润。

3. 农业企业经营管理的主要内容

农业企业经营管理主要包括以下主要内容。

(1) 合理确定农业企业的经营形式和管理体制，设置管理机构，配备管理人员。

(2) 搞好市场调查，掌握经济信息，进行经营预测和经营决策，确定经营方针、经营目标和生产结构。

(3) 编制经营计划，签订经济合同。

(4) 建立、健全经济责任制和各种管理制度。

(5) 搞好劳动力资源的利用和管理。

(6) 重视土地等自然资源的开发、利用与管理。

(7) 搞好机器设备管理、物资管理、生产管理、技术管理和质量管理。

(8) 做好产品营销管理。

(9) 加强财务管理和成本管理。

(10) 全面评价企业生产经营效益，搞好企业经营诊断等。

三、现代企业制度

(一) 什么是现代企业制度

现代企业制度是指以市场经济为基础，以完善的企业法人制度为主体，以有限责任制度为核心，以公司企业为主要形式，以产权清晰、权责明确、政企分开、管理科学为条件的新型企业制度，其主要内容包括：企业法人制度、企业自负盈亏制度、出资者有限责任制度、科学的领导体制与组织管理制度。

(二) 现代企业制度的特征

1. 产权清晰

现代企业制度下的企业属于法人组织，具有完全民事行为能力，独立享有民事权利，承担民事责任。设立时有法定资本额的要求，有明确的出资人。出资人依据其出资额占企业资本量的比例享有财产所有权以及盈余分配的索取权，企业拥有企业法人财产权。

2. 权责明确

所谓权责明确，是指合理区分和确定企业所有者、经营者和劳动者各自的权利和责任，做到各享其权、各负其责。具体到现代企业制度下的企业，所有者按其出资额，享有资产受益、重大决策和选择管理者的权利，企业破产时则对企业债务承担相应的有限责任。企业在其存续期间，对由各个投资者投资形成的企业法人财产拥有占有、使用、处置和收益的权利，并以企业全部法人财产对其债务承担责任。经营者受所有者的委托在一定时期和范围内拥有经营企业资产及其他生产要素并获取相应收益的权利。劳动者按照与企业的合约拥有就业和获取相应收益的权利。

3. 政企分开

其基本含义是政府行政管理职能、宏观和行业管理职能与企业经营职能分开。

4. 科学管理

首先，现代企业制度下的企业有一套科学完整的组织机构，通过股东会、董事会、监事会和经理层等公司治理结构的设置和运行，形成调节所有者、法人、经营者和职工之间关系的制衡和约束机制。其次，采用现代企业管理制度，主要涉及企业机构设置、人力资源管理、薪酬制度以及财务会计制度等方面的科学化。要使管理科学，就要学习，创造，引入先进的管理方式，包括国际上先进的管理方式。

四、现代农业企业的经营理念

1. 实行现代企业制度

如上所述，按照现代企业制度运行，能够优化配置土地、资本、劳动力等生产要素，产权清晰，责权明确，采用科学管理，履行有限责任，因此，这种制度是今后企业的发展方向。随着我国农业向现代农业的转型，农业企业采用现代企业制度也将成为必然趋势。

2. 遵循可持续发展的理念

所谓可持续发展，是指既满足现代人的需求，又不损害后代人满足需求的能力。具体而言，就是指经济、社会、资源和环境保护要协调发展，既要达到发展经济的目的，又要保护好人类赖以生存的大气、水、土地和森林等自然资源和环境，使子孙后代能够永续发展和安居乐业。过去以及目前的一些农业经营行为，采用掠夺式、粗放经营，忽视生态环境，以牺牲环境换取一时的发展，导致大量有限的农业资源的无序开发和利用，造成水土流失、生态恶化，给人们的生存环境带来威胁，甚至阻碍了其进一

步发展，这些都是不可取的。

在现代农业企业的发展过程中，应该树立可持续发展的理念，站在人与自然、企业与自然和谐发展的高度，规划和实施企业的经济行为，努力实现“资源节约型、环境友好型”的农业生产经营体系。

3. 倡导“绿色”观念

所谓“绿色”观念，是一种“珍爱生命，崇尚自然，保护生态，爱护环境，尊重规律”的现代观念。从现代农业企业经营的角度来说，倡导“绿色”观念就是在农业生产的产前、产中、产后各环节实行绿色过程管理。例如，对于种植业企业来说，生产环境是良好的，包括土壤、水、大气都不得有污染；生产过程是良好的，所使用的种子、肥料、植保用品是安全的，不会给环境造成污染，不会造成产品的不安全；产后的加工、销售等过程都是在一个良好环境下进行的，并不得对环境造成危害；最终产品是安全的。在“绿色”观念的引领下，农业企业效益的取得是在一个不对资源、环境造成破坏，不对消费者的健康造成影响的前提下实现的。

4. 树立“人才是第一资源”的理念

人、财、物是企业发展的必备资源，而其中最重要的资源是人才。有了人才，就有了创新，就有了发展，就有强大的竞争力，就能推动生产力的发展。从农业企业发展的实际看，凡是发展好的企业，都有优秀的人才团队做支撑。农业企业经营过程中，应该树立“人才是第一资源”的理念，善于发现人才，培养人才，尊重人才，充分调动人才的积极性，创新用人机制，优化人才环境，改善人才服务，创设现代农业企业发展的“智力库”，为企业提供持续发展的人才保障。

5. 注重创新

创新与一成不变相对应。随着我国国际化进程的不断深入，农业企业的竞争越来越激烈，在激烈的市场竞争中，企业要想占有一席之地，就不能墨守成规，必须顺应市场需求的变化，在变中求生存、求发展，不断提高市场的竞争力，这就需要将创新的理念引入企业文化之中，将创新贯穿到企业生产过程的始终。创新不仅指产品的创新，还包括观念创新、制度创新、技术创新、市场创新和管理创新等。

第二节　我国农业经营的主要形式

长期以来，农业都是以土地为基本生产资料和以农户为基本生产单元的一种小生产模式。中华人民共和国成立后，我国先后经历了农户个人经营、合作社经营、人民公社经营以及家庭联产承包责任制、统分结合的双层经营体制等阶段。这些在特定的时代背景下产生的经营体制，随着市场经济的发展，其弊端逐渐显现出来，面临着公司经营产权明晰化、分工专业化、投资市场化、福利社会化等诸多挑战，迫切要求进行现代农业经营制度的创新，有效地配置土地、劳动力、技术、资金等生产要素，以提高农产品的商品率与土地经营规模报酬，实现农业现代化。

近年来，我国各地经不断探索和总结，涌现出许多成功的典范和模式，对促进现代农业经营方式的发展起到了积极的作用。

一、农户家庭经营型

农户家庭经营是现代农业企业经营的初级形态。它是对传统家庭小生产经营、农户承包小生产经营等形态，按照现代公司制的模式及其运行机制进行部分改造移植而形成的。通过引入现代企业管理机制，对传统家庭经济组织功能注入现代企业管理制度的新要素，使之脱壳为具有现代农业企业经营的经济功能体。其对外以家庭为企业团队，具有产权明晰、独立的法人资格、经营

场所、财产账户，具有独立的经济、民事权利和能力，能自主在市场竞争条件下从事农业生产、投资、交换、分配、消费等行为，并独立承担市场风险、经济责任与民事责任。

二、联合—协作经营型

联合—协作经营是现代农业企业经营由初级形态走向中级形态的一种过渡形态。它以明晰的产权为前提，包括农民土地持有产权、法人财产权、知识产权、金融资本产权及其他要素产权，并按照一定规则进行的合约联合。目前有以下两种形式。

1. 公司+农户型

以农产品为原料的公司（企业）与农民或农户签订合同，公司（企业）向农户（农民）提供一定的生产资料或生产技术，并按合同价格收购产品，农民（农户）按照合同规定的技术要求提供给公司（企业）合格的农产品，使双方结成契约约束的利益同盟，各自获得相应的收益，并分担经营与交易风险，节省经营与交易成本。

2. 中介组织+农户型

中介组织运用其持有的信息、资金、技术、销售网络等资源，依契约为农户（农民）提供技术、信息、销售定向服务，按照特别约定价格双方从中获得分成收益，分担经营风险。

三、股份合作经营型

股份合作经营型是指在投资方式上采取股份制，即由若干不同的投资者以入股的方式共同投资，在股份构成上，以农户入股为主，并兼而吸收有其他股份，如法人股、国家股等股份，企业分配方式上实行按股分配。

这是现代农业经营的中级形态，其在农村的创设与运用，具有广泛的适用性。其优点在于：一是强化了农户的股东地位；二是引入了激励约束机制；三是有助于催生一批农民企业家，并为高智力资本人才的引入提供了制度规则通道、内部机制平台以及外部经济环境；四是打破传统经营制度的封闭性，有利于外来资本的进入和股权的交易，从而为农村生产要素合理流动与优化组合提供了制度保障，便于农业规模化、产业化发展。

四、现代股份公司经营型

现代股份公司作为现代企业组织，它是商品经济发展过程中在家庭经营制、庄园主经营制、合伙经营制、农场经营制、合作经营制基础上逐步发展起来的高级经营形态。这种企业经营形态消除了农民直接参与市场竞争所遇到的制度壁垒、信息不对称、资本短缺、技术素质不高、抵御自然风险与市场风险能力弱等缺点，实现了由传统农业小生产者到现代农业大生产或产业化与现代化的“理性经济人”的角色转变，使农民真正成为现代社会的主人。

五、“农、科、工、贸”一体化经营型

“农、科、工、贸”一体化是按照产业化要求组织生产，以产权、合约两条纽带相联系的现代“航母级”的经营形态。类型如下。

1. 按照生产专业化、产品商品化、服务社会化的要求组织的“农、科、工、贸”一体化生产与经营

该经营类型一般遵循这样的经营流程：培育新品种—规模生产—承揽储运—加工包装—上市—获得较高利润。各企业按照市场经济分工细密化与专业化、规范化，质量标准化组织起来，形成利益同盟或集团，加上政府的出口补贴、定项财政转移支付补贴，通过涉农的“农、科、工、贸”集团经营、联合经营或协作经营，从而形成竞争比较优势。这样，农产品不仅打破了地方

市场、国内市场的界限，而且同国际竞争融为一体；国际市场价格成为现代“农、科、工、贸”集团企业或联合企业进行结构调整、协调发展、适应竞争的“晴雨表”，不停地协调相互的经济行为，降低管理成本，实现决策科学化。

2.“一体化”联合经营或集团经营

此类性质的经营方式有：垂直一体化农业公司，即把农、工、商置于一个企业的组织之下，组成农、工、商综合体；大企业或大公司与农户、股份合作企业、股份公司相互持股、参股、控股，建立起以产权为纽带，以股份表决、承担风险、分摊成本与收益的集团公司；由农户、股份合作企业同“科、工、贸、技、服务”企业所建立起的以合同为纽带，按合约规定分摊成本、收益，分散风险的集团公司；按专业分工与协作关系，由品种开发、生产与技术服务、购销服务、信贷等各类股份合作社、家庭企业相互参股，建立起来的集团公司等。

第三节 农业企业经营管理的内容与方法

一、农业企业经营管理的内容

农业企业经营管理的内容非常广泛，涉及农业企业供、产、销各环节，人、财、物各要素的各个方面。主要解决企业生产什么，生产多少，如何生产和为谁生产的问题。具体包括如下内容。

（1）农业企业的设立与组建，内部组织结构的设计、职能部门的划分，现代企业制度的构建与经营模式的选择。

（2）企业经营战略、经营目标、经营计划的确定，经营环境的分析与经营风险的规避。

（3）企业经营资源的合理配置、优化组合与管理，寻求最小成本与最大利润的生产要素配置原理与方法。

(4) 农业企业生产经营过程中，供、产、销和收益分配诸环节的组织协调与管理，遵循的管理原理与方法。

(5) 企业产品质量管理、标准化生产与产业化经营。

(6) 企业财务管理、成本控制和营运分析的原理与方法。

(7) 企业文化建设与管理。

(8) 业主制、合伙制和公司制农业企业的比较，各类农业企业经营管理的特殊性。

二、农业企业经营管理的方法

农业企业经营管理的基本方法，一般包括以下 4 种。

1. 经济方法

经济方法即利用成本、利润、价格、税收、信贷、奖金等经济杠杆，引导企业的生产经营活动，调节经济利益关系，节约劳动消耗，提高经济效益。

2. 行政方法

行政方法即通过指导方针、政策指令、行政干预等手段，领导、指挥、控制、监督企业的生产经营活动，保证企业实现既定经营目标，完成生产计划任务。

3. 教育方法

教育方法即通过启发、诱导、宣传、示范等方式，提高企业成员的生产积极性和业务技术水平，为企业的生产发展作出贡献。

4. 法律方法

法律方法即通过政府法令和企业规章制度来维护企业生产经营活动的正常秩序，保障企业和有关方面的合法权益。

20 世纪 40 年代以后，随着电子计算机在农业中的应用，以数量化、模型化和最优化等为特征的科学管理方法在企业经营管

理中得到普及推广。这种定量方法与传统的、以逻辑推理和经验判断为特征的定性方法相互结合，使农业企业的经营管理正在向更高水平发展。

【案例】

张银先是甘肃省临泽县新华镇一个土生土长的农民，20 世纪 90 年代之前，他和同村的其他农民一样，一边在自家承包地上从事农业生产，一边利用农闲季节外出打工赚钱养家，偶尔也将周边农户生产的各种农产品低价收购，然后拉到城里的集市加价卖出。慢慢的，他手中有了一定的资金积蓄，并盖起了新房，在十里八乡也有了一定知名度。

从 1988 年开始，临泽县引进塑料拱棚栽培技术，号召农户缩减粮食种植面积，发展效益较高的蔬菜、果品产业。1992 年，开始建造日光温室，发展设施农业。于是，当地的葡萄产业在政府的大力推动下，经过几年的发展就形成了一定规模。但由于个体农户受资金、技术、经验、销售等各种因素的影响，日光温室葡萄种植一直处于粗放经营，低层次、低效益循环的阶段。2003 年，张银先多方筹措资金，牵头成立了临泽县银先立达商贸有限责任公司，并在新华镇征地 $8hm^2$，创办了临泽县第一个高新农业示范园区——银先绿色农业科技示范园。在园区内，银先立达商贸公司将传统温室蔬菜种植改为反季节葡萄栽培，开始在甘肃沙漠地区进行日光温室葡萄反季节种植试验，并取得成功。之后，公司又从美国、日本、意大利等国引进个大肉厚、适应性、抗病性强的红提、黑提、矢富罗莎、美人指、红意大利、皇家秋天、奥库斯特等四大系 20 多个品种，进行温室葡萄的标准化生产，取得了很好的经济效益。2006 年 10 月《中华人民共和国农民专业合作社法》（以下简称《农民专业合作社法》）颁布后，为创新农业经营模式，带动当地反季节红提葡萄的规模化、集约化、组织化生产，银先立达商贸有限责任公司又以银先绿色农业科技示范园为依托，将示范园周边种植葡萄的15户农民组织起来，通过农户参股方式成立了临泽县第一个农民专业合作社——银先葡萄农民专业合作社。

银先葡萄农民专业合作社是由银先立达商贸有限责任公司和15户种植葡萄的农民投资入股成立的、具有现代企业制度特征的新型农业经营组织。这一组织按照农业产业分工的原则将分散经营的个体农户组织起来，通过“公司+合作社+农户”的经营模式，专门从事无公害鲜食葡萄生产与销售。合作社以葡萄的规模化种植、标准化生产和品牌化营销为基点，以提供生产技术指导和产品销售服务为宗旨，以社员增收，合作社发展为目标，通过统一供应葡萄苗木、统一技术指导、统一培训服务、统一施肥用药、统一储藏加工、统一品牌包装、统一价格销售，不仅维护了当地葡萄产业的良性发展，克服了一家一户分散经营，产品销售难，经济效益低的弊病，而且，对当地葡萄产业乃至设施农业的发展，起到了很好的示范作用。

第二章　农业企业经营策略

第一节　分析农业企业的经营环境

一、分析经营环境

农业企业的各项经营活动实施，受到周围许多环境因素的影响。农业企业为了搞好生产经营活动，就必须了解它所处的环境，并根据这些环境因素作出恰当的反应。

农业企业生产经营活动的环境因素，按其性质可分为：可控制的环境因素、准可控制的环境因素和不可控制的环境因素 3 种。可控制的环境因素，如新产品开发计划、新技术的引进、市场开拓计划等。准可控制的环境因素，如农业企业在市场上的占有率、劳动力移动率、劳动生产率、农业企业内部价格政策等。不可控制的环境因素，如人口增加、计划年度的物价上涨等。

按其内外性质可分为：外部环境因素和内部环境因素。外部环境因素包括政治与法律力量、经济力量、技术力量、社会文化力量、全球力量等；内部环境因素是指供应商、竞争者、顾客、政府力量、特殊利益集团等（图 2-1）。

按农业企业主管人员在执行目标时所受到的环境限制可分为 4 个层次：即组织内部环境、市场环境、总体环境、超环境。组织内部环境一般包括农业企业规模、所有权类型、高层主管人员的行为、组织结构及权力领导中心分布、产品配销渠道及代理商

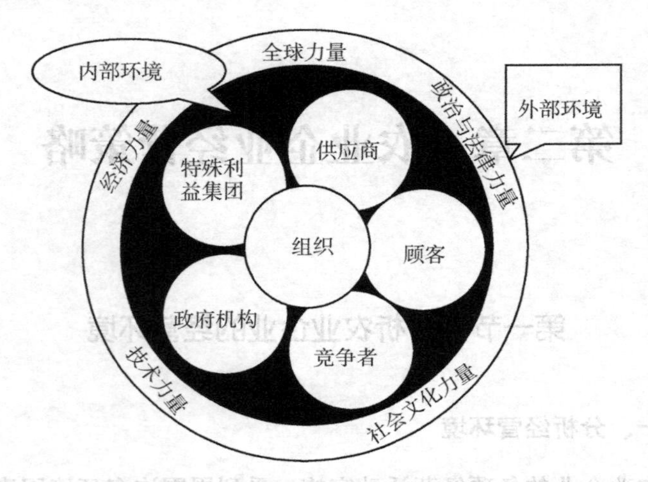

图 2-1　农业企业内外部环境的分类

等。市场环境一般包括顾客的类型、顾客数目、顾客购买力、顾客的需求与欲望、顾客购买习惯、同行业竞争者行为、供应商的行为等。总体环境包括影响厂商与其市场间交易的有关力量及机构，大致可分为：①经济环境；②技术环境；③政治法律环境；④社会教育与文化环境。这些总体环境的变化通常是缓慢而逐步进行的，但仍可看出其变化的趋向。超环境是一般组织通常所不加注意的因素，因为它对组织内的活动几乎尚无任何影响力量，甚至没有任何关系存在。然而，这些因素具有很大的潜在的重要性。例如，月球、矿产资源、环境污染防治以及社会经济形态的研究，都对人类未来变化有潜在的影响作用，所以，农业企业经营人员必须加以注意。

(一) 经济环境

经济环境和技术、政治、法律、社会、文化教育等环境之间有着复杂关系，经济环境是农业企业生产经营活动中必须首先把握的环境。构成一国经济环境的因素很多，主要有以下几

个方面。

1. 市场规模

农业企业在开展生产经营活动之前，首先关心的是其市场规模。市场规模太小，潜力不大，就不值得去开拓，市场规模足够大，值得开拓，农业企业才能进一步考虑该市场的其他特性。决定市场规模主要有两个因素：人口和收入。国民收入高的国家，若人口不多，则每人所得或购买力水准必然高，对商品及劳务的消费能力也高。反之，则每人所得水准必然低，对商品及劳务的消费能力也低。对于农业企业来说，最有希望的市场是人口多、个人收入水平又高的国家，例如，美国、日本、法国、德国、英国等。其次为人口虽不多，但个人收入高的国家，例如，北欧诸国、澳大利亚、新西兰等。当然，人均收入水平不高，但人口很多的地域，也往往被一些农业企业重视，因为他们未来发展的潜力是很大的。

2. 人口结构

人口结构包括男女性别、年龄层次、教育水平、婚姻状况、就业种类以及城乡分布情况等，对农业企业的产销活动影响很大。因为不同的人口结构，会形成不同的市场结构。对产品的偏好、口味的不同以及购买行为的差别，深深影响着农业企业的生产经营活动。例如，从年龄结构方面来看，老年人和青年人的需求是不同的。在老年人比例较高的国家和地区，食品支出的销售量就大。

3. 经济特性

对一国经济特性的研究包括下述几个方面。

(1) 自然条件。即一国的自然资源、地形和气候条件。从自然资源方面来看，若一国的矿产资源、森林资源和水资源都比较丰富，这往往是吸引外地（或国外）农业企业前来投资办厂的重要原因。同时，了解一国的自然资源状况，有助于判断一国未来经济的发展前景。

（2）基础设施。即指一国的运输条件、能源供应、通讯设施和各种商业基础设施（金融机构、广告公司、分销渠道、市场调研与咨询组织等）的可获性及其效率。一国的基础设施对农业企业在该国的影响很大。例如，运输条件决定了产品实体分配的效率；能源供应在一定程度上决定了一些电器产品的市场规模；通讯设施的状况直接决定了广告媒介的选择乃至整个促销效果；商业基础设施则对整个经营活动的效率发生影响。一般来说，一国的基础设施愈发达，在该国的经营活动也就愈顺利，若该国的基础设施太落后，农业企业只能设法适应该国条件或者干脆放弃这一市场。

（3）通货膨胀。从理论上讲，一国发生通货膨胀，人们的实际工资下降，购买力下降，需求也会下降。但从实际上看，消费者因担心物价会进一步上涨，往往会抢购商品，结果通货膨胀反而刺激了需求的扩大。一般来说，通货膨胀会影响消费者支出的数额和所购买商品的类型。此外，通货膨胀使农业企业的成本控制和定价决策变得更为复杂。

（二）政治与法律环境

政治与法律环境的变动会深深影响农业企业的生产经营活动。政治环境对农业企业的生产经营活动发生直接影响，但更多的则是通过法律、国家政策来鼓励或制约农业企业的生产经营活动。

（1）政治稳定性。各国的政治环境都在变化，平缓的变化使农业企业有调整策略的余地，突然的变化往往使农业企业措手不及。在考察一国的政治稳定性时，应注意两个方面：政策法规的连续性和政治冲突状况。

（2）政府官员的工作作风和办事效率。执政党的主张及其政权的稳定性并不一定能确保其各级行政机关的工作人员清明廉

政，勤奋工作。政府官员若不能秉公执法，出现工作作风拖拉、官僚主义盛行等局面，是很不利于农业企业去追求经营成效的。

（3）政治干预。政治干预是指政府采取各种措施，迫使农业企业改变其经营方式、经营政策和策略的行为。政治干预的形式主要有：没收和国有化。没收是指政府强迫农业企业交出其资产，不给任何经济补偿。国有化是指将农业企业的资产收归国有，给农业企业一定的经济补偿。

（4）外汇管制。表现在农业企业的利润不能汇回，农业企业生产所需的原料、零部件和设备不能引进。

（5）进口限制。东道国政府可以采取许可制度、外汇管制、关税配额等措施限制进口。

（6）税收管制。有些国家政府对外国农业企业课征特别税，采取歧视性税收政策，有的违背前约，提前结束免税期。

（7）价格管制。东道国政府采取价格管制，直接干预农业企业定价决策，使农业企业无法根据市场供求状况调整价格。

（8）劳动力限制。有些国家规定劳动力不能自由流动，农业企业无权招聘或裁减工人，以限制农业企业的人事政策。

法律环境主要有下列构成要素：一般民事法律及其结构；工商法律及其结构；关税政策及税率结构；保护措施；奖励和惩罚措施；专利及检验规定；广告管制办法；防治环境污染条例等。所有这些内容，都对农业企业的生产经营活动有重要影响。农业企业在制订生产经营活动计划之前，必须认真加以分析和研究。

（三）文化环境

社会文化环境是由社会中每个人所拥有的知识、宗教、艺术、道德、习惯和其他才能与偏好所组成的。在所有的环境中，社会文化环境向人们提出了严峻的挑战。人们每日每时都在这种环境中生活，但又难以对这种环境予以描述，既不能对社会文化标价，又不能对其进行预算，政府也不发表衡量这种环境的数字指标。因此，分析和研究社会文化环境并洞察其内部的变化是一件十分困难的事。然而农业企业是在社会中从事生产经营活动的，农业企业必须适应社会文化环境的要求。

进行文化环境的研究和分析可以从下面几方面入手。

（1）物质文化。一国的物质文化主要表现在技术和经济两方面。农业企业要计划将产品打入某国市场，必须使其经营决策符合该国的经济和技术水平。

（2）宗教。宗教信仰对农业企业经营活动的影响主要表现在：第一，不同宗教的教徒有着不同的价值观和行为准则，从而会导致不同的需求和消费模式；第二，宗教的节日前后需求往往大涨大落；第三，宗教禁忌影响着人们的消费行为；第四，宗教组织本身既是大型的团体的买者，又是教徒购买决策的重要影响者；第五，宗教之间及某一宗教不同派别之间的对立，都可能导致敌对行为，进而给农业企业在当地的经营活动带来风险。

（3）价值观念。价值观念是指人们对于事物的评价标准和崇尚风气。价值观念决定人们的是非观、善恶观和主次观，也在很大程度上决定着人们的行为规范。每一种文化都包含着某些行为规范和公认的价值观。人们在自己特定的文化环境中，只能学习和遵守这些准则，不能背道而驰，因此，农业企业在制订经营计划时，必须了解和分析各地区各国家的行为规范。以时间观念为例，北美和西欧人的时间意识很强，拉美人和中东人的时间观念要差得多。在时间意识强的国家里，那些节省时间的产品，如快餐、速溶咖啡等都会受到欢迎。

（4）社会组织。社会组织又称社会结构，是指一个社会中人与人发生关系的方式，它确定了人们在社会上所扮演的角色及权责模式。社会组织概括为家庭和社会群体两大类。社会组织在不同国家中差别很大。以家庭为例，欧美发达国家中大部分家庭规模都比较小，一般只有夫妻两人加上一个或两个未婚子女。而

大多数发展中国家的家庭规模都比较大。研究各国的家庭规模对制订农业企业的经营计划具有直接意义，因为许多产品都是以家庭为单位购买的。

（5）教育。教育是改变人类心智过程的总称。当今世界的竞争，主要是人才的竞争，一国的强盛繁荣，在某种程度上取决于人的素质的提高和人才的众多，一个农业企业也是如此。人才为所有资源之首，也是成功的关键。人才的培养靠教育。分析教育是否有益于农业企业发展可以从以下几个因素着手：第一，人们对接受教育的一般态度；第二，一国的文盲率越高，就越不利于农业企业发展；第三，职业教育及训练；第四，高等教育与经济发展相适应的程度；第五，农业企业教育的发展程度。

（6）社会文化的变迁。同其他许多事物一样，社会文化都在变化着，只是这种变化相对来说缓慢些。社会文化的变迁意味着人们的行为模式、价值观念、风俗习惯、道德规范、兴趣爱好等的变化，而这些变化又给农业企业生产经营创造了新的机会。农业企业在制订计划之前也应加以预测研究。

（7）农业企业文化。影响农业企业经营状况的一个主要因素是农业企业文化。这种农业企业文化在无形中直接或间接地对人们的思维和行为产生影响，从而决定农业企业的经营和发展。当今农业企业管理已由以物为中心的管理发展到以人为中心的管理。这种管理承认人是有思想、有感情的。被管理者若理解农业企业目标，富有兴趣、愿意合作、愿意承担责任，那么就可以使管理更加有序，使管理失误和管理不善得到缓解和弥补。相反，如果被管理者是处于被支配、怀疑、愚弄、压抑的状态，充满对立情绪，那么再好的农业企业计划也难以实现，再好的组织和指挥也难以服从。这就是说，管理要想获得成功，首先必须研究人们的精神和灵魂，即研究农业企业文化。决定农业企业文化的因素是多方面的，从大的方面看，可以分为环境因素和人的因素。就环境因素来看，农业企业所面临的特定的客观环境，在一定程度上制约或者说规定了农业企业的价值取向。农业企业为了在这种客观环境中求得生存与发展，必须采取与之相适应的行为方式。就人的因素来看，一般地说，人们在一个特定的农业企业内活动，通过相互接触、相互影响，逐渐形成一些共同的互相确认的观念和准则，这些观念和准则对人们的实际行为起着协调、统一等作用。当然，农业企业内不同地位的人们对农业企业文化的形成，其作用是大不相同的，农业企业创立者和最高经营决策者对农业企业形成独特的文化有着巨大的影响。例如，新希望集团公司的企业文化定位为“像家庭、像军队、像学校”；蒙牛集团以“奉献”作为企业文化的主旋律；海尔集团的企业文化是“创新”。

二、农业企业经营环境分析

1. PEST 分析法

PEST 是政治法律、经济、社会和技术环境的简写。PEST 分析法（表 2–1）是对 4 个因素在过去对农业企业产生了哪些影响及其程度，其中，关键因素是什么，这些因素在目前对自己及对手的影响如何，并分析其未来趋势，将这些主要矛盾抓住，据此制订经营战略。PES3、分析其目的在于确认和评价政治、经济、社会文化及技术等宏观因素对农业企业战略目标和战略选择的影响。

表 2–1　PEST 分析法

政治法律	垄断法律；环境保护法；税法；对外贸易规定；劳动法；政府稳定性
经济	经济周期；GNP 趋势；利率；货币供给；通货膨胀；失业率；可支配收入；能源适用性；成本
社会文化	人口统计；收入分配；社会稳定；生活方式的变化；对工作和休闲的态度；教育水平；消费
技术	政府对研究的投入；政府和行业对技术的重视；新技术的发明和进展；技术传播速度；折旧和报废速度

（1）政治法律环境。政治法律环境包括一个国家的社会制度、执政党的性质、政府的方针、政策、法令等。不同的国家有着不同的社会性质，不同的社会制度对组织活动有着不同的限制和要求。即使社会制度不变的同一国家，在不同时期，由于执政党的不同，其政府的方针特点、政策倾向对组织活动的态度和影响也是不断变化的。

（2）经济环境。经济环境主要包括宏观和微观两个方面的内容。宏观经济环境主要指一个国家的人口数量及其增长趋势，国民收入、国民生产总值及其变化情况以及通过这些指标能够反映的国民经济发展水平和发展速度。微观经济环境主要指农业企业所在地区或所服务地区的消费者的收入水平、消费偏好、储蓄情况、就业程度等因素。这些因素直接决定着农业企业目前及未来的市场大小。

（3）社会文化环境。社会文化环境包括一个国家或地区的居民教育程度和文化水平、宗教信仰、风俗习惯、审美观点、价值观念等。文化水平会影响居民的需求层次；宗教信仰和风俗习惯会禁止或抵制某些活动的进行；审美观点则会影响人们对组织活动内容、活动方式以及活动成果的态度；价值观念会影响居民对组织目标、组织活动以及组织存在本身的认可与否。

（4）技术环境。技术环境除了要考察与农业企业所处领域的活动直接相关的技术手段的发展变化外，还应及时了解国家对科技开发的投资和支持重点，该领域技术发展动态和研究开发费用总额、技术转移和技术商品化速度，专利及其保护情况等。

2. SWOT 分析法

SWOT、分析法，20 世纪 80 年代初由美国旧金山大学的管理学教授韦里克提出，经常被用于农业企业战略制订、竞争对手分析等场合。SWOT 是优势、劣势、机会和威胁的简称。SWOT 分析法（表 2-2）用来确定农业企业本身的竞争优势、竞争劣势、机会和威胁，从而将公司的战略与公司内部资源、外部环境有机结合。因此，清楚地确定公司的资源优势和缺陷，了解公司所面临的机会和挑战，对于制订公司未来的发展战略有着至关重要的作用。

表 2-2 SWOT 分析法

	优势 S	劣势 W
机会 O	SO 战略	WO 战略
威胁 T	ST 战略	WT 战略

优劣势分析主要是着眼于农业企业自身的实力及其与竞争对手的比较，而机会和威胁分析将注意力放在外部环境的变化及对农业企业的可能影响上。在分析时，应把所有的内部因素（即优劣势）集中在一起，然后用外部的力量来对这些因素进行评估。

(1) 机会与威胁分析。随着经济、社会、科技等诸多方面的迅速发展，特别是世界经济全球化、一体化过程的加快，全球信息网络的建立和消费需求的多样化，农业企业所处的环境更为开放和动荡。这种变化几乎对所有农业企业都产生了深刻的影响。正因为如此，环境分析成为一种日益重要的农业企业职能。环境发展趋势分为两大类：一类表示环境威胁；另一类表示环境机会。环境威胁指的是环境中一种不利的发展趋势所形成的挑战，如果不采取果断的战略行为，这种不利趋势将削弱企业的竞争地位。环境机会就是对企业行为富有吸引力的领域，在这一领域中，该企业将拥有竞争优势。

(2) 优势与劣势分析。当两个农业企业处在同一市场或者说它们都有能力向同一顾客群体提供产品和服务时，如果其中一个农业企业有更高的盈利率或盈利潜力，那么，人们就认为这个农业企业比另外一个农业企业更具有竞争优势。换句话说，所谓

竞争优势是指一个农业企业超越其竞争对手的能力，这种能力有助于实现企业的主要目标——盈利。但值得注意的是，竞争优势并不一定完全体现在较高的盈利率上，因为有时企业更希望增加市场份额，或者多奖励管理人员或雇员。竞争优势可以指消费者眼中一个企业或它的产品有别于其竞争对手的任何优越的东西，它可以是产品线的宽度、产品的大小、质量、可靠性、适用性、风格和形象以及服务的及时、态度的热情等。虽然竞争优势实际上指的是一个企业比其竞争对手有较强的综合优势，但是明确农业企业究竟在哪一个方面具有优势更有意义，因为只有这样，才可以扬长避短，或者以实击虚。由于农业企业是一个整体，而且竞争性优势来源十分广泛，所以，在做优势劣势分析时必须从整个价值链的每个环节上，将农业企业与竞争对手做详细的对比，例如，产品是否新颖、制造工艺是否复杂、销售渠道是否畅通以及价格是否具有竞争性等。如果一个农业企业在某一方面或几个方面的优势正是该行业农业企业应具备的关键成功要素，那么，该农业企业的综合竞争优势也许就强一些。需要指出的是，衡量一个农业企业及其产品是否具有竞争优势，只能站在现有的潜在用户角度上，而不是站在农业企业的角度上。

农业企业在维持竞争优势过程中，必须深刻认识自身的资源和能力，采取适当的措施。因为一个农业企业一旦在某一方面具有了竞争优势，势必会吸引到竞争对手的注意。一般地说，农业企业经过一段时期的努力，建立起某种竞争优势，然后就处于维持这种竞争优势的态势，竞争对手开始逐渐做出反应，然后，如果竞争对手直接进攻农业企业的优势所在，或采取其他更为有力的策略，就会削弱原有的这种优势。

3. 波特五力模型分析法

波特五力模型是迈克尔·波特于 20 世纪 80 年代初提出的，对农业企业战略制定产生了全球性的深远影响。它用于竞争战略的分析，可以有效地分析客户的竞争环境。五力模型分别是：供应商的议价能力、购买者的议价能力、潜在竞争者进入的能力、替代品的替代能力、行业内竞争者现在的竞争能力。5 种力量的不同组合变化最终影响行业利润潜力变化（图 2–2）。

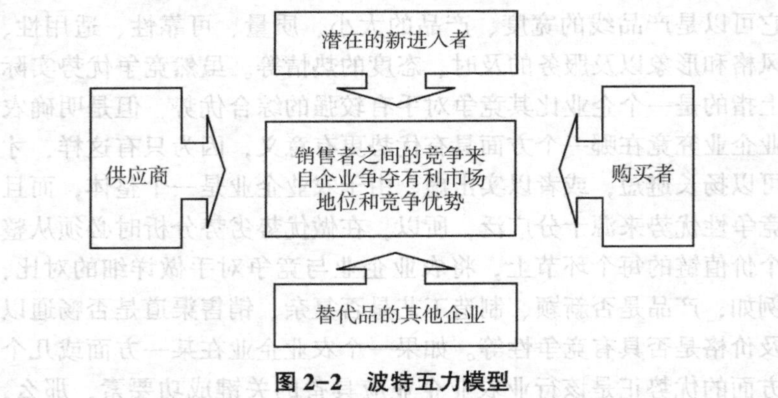

图 2–2　波特五力模型

（1）供应商的议价能力。供应商主要通过其提高投入要素价格与降低单位产品价值量的方式，来影响行业中现有农业企业的盈利能力与产品竞争力。供应商力量的强弱主要取决于他们所提供给购买者的是什么投入要素，当供应商所提供的投入要素价值占买主产品总成本的较大比例或对买主产品生产过程非常重要或严重影响买主产品的质量时，供应商对于买主的潜在讨价还价力量就大大增强。一般来说，满足如下条件的供应商集团会具有比较强大的讨价还价力量：供应商行业为一些具有比较稳固的市场地位而不受市场激烈竞争困扰的农业企业所控制，其产品的买主很多，以致单个买主不可能成为供应商的重要客户；供应商给农业企业的产品各具有一定特色，以致买主难以转换或转换成本太高，或者很难找到可与供应商产品相竞争的替代品；供应商能

够方便地实行前向联合或一体化，而买主难以进行后向联合或一体化（简单说，就是店大欺客）。

（2）购买者的议价能力。购买者主要通过其压价与要求提供较高的产品或服务质量的方式，来影响行业中现有农业企业的盈利能力。一般来说，满足如下条件的购买者可能具有较强的讨价还价力量：购买者的总数较少，而每个购买者的购买量较大，占了卖方销售量的很大比例；卖方行业由大量相对来说规模较小的农业企业所组成；购买者所购买的基本上是一种标准化产品，同时，向多个卖主购买产品在经济上也完全可行；若购买者有能力实现后向一体化，而卖主不可能实现前向一体化（简单说，就是客大欺主）。

（3）新进入者的威胁。新进入者在给行业带来新生产能力、新资源的同时，将希望在已被现有农业企业瓜分完毕的市场中赢得一席之地，这就有可能会与现有农业企业发生原材料与市场份额的竞争，最终导致行业中现有农业企业盈利水平降低，严重的话还有可能危及其生存。竞争性进入威胁的严重程度取决于两方面的因素，即进入新领域的障碍大小与预期现有农业企业对于进入者的反应情况。

进入障碍主要包括规模经济、产品差异、资本需要、转换成本、销售渠道开拓、政府行为与政策、不受规模支配的成本劣势、自然资源、地理环境等方面，这其中有些障碍是很难借助复制或仿造的方式来突破的。预期现有农业企业对进入者的反应情况，主要是采取报复行动的可能性大小，则取决于有关厂商的财力情况、报复记录、固定资产规模、行业增长速度等。总之，新农业企业进入一个行业的可能性大小，取决于进入者主观估计进入所能带来的潜在利益、所需花费的代价与所要承担的风险这三者的相对大小情况。

（4）替代品的威胁。两个处于同行业或不同行业中的农业

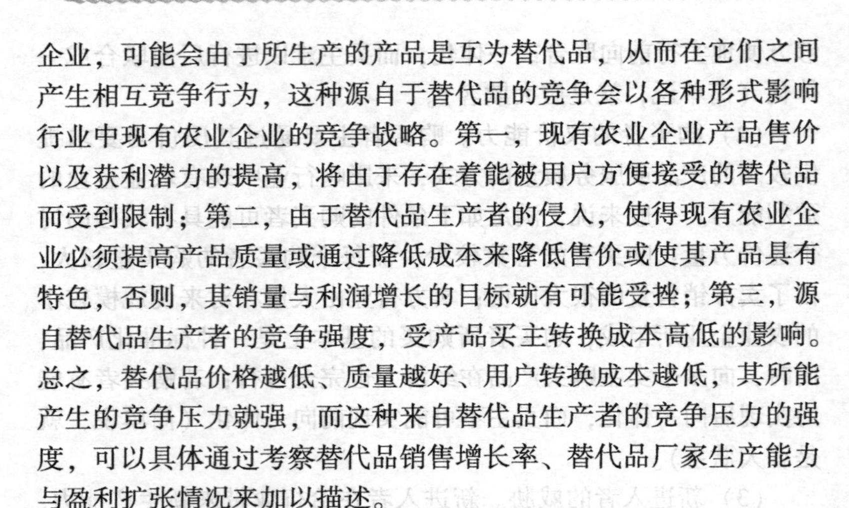

企业，可能会由于所生产的产品是互为替代品，从而在它们之间产生相互竞争行为，这种源自于替代品的竞争会以各种形式影响行业中现有农业企业的竞争战略。第一，现有农业企业产品售价以及获利潜力的提高，将由于存在着能被用户方便接受的替代品而受到限制；第二，由于替代品生产者的侵入，使得现有农业企业必须提高产品质量或通过降低成本来降低售价或使其产品具有特色，否则，其销量与利润增长的目标就有可能受挫；第三，源自替代品生产者的竞争强度，受产品买主转换成本高低的影响。总之，替代品价格越低、质量越好、用户转换成本越低，其所能产生的竞争压力就强，而这种来自替代品生产者的竞争压力的强度，可以具体通过考察替代品销售增长率、替代品厂家生产能力与盈利扩张情况来加以描述。

(5) 同业竞争者的竞争程度。大部分行业中的农业企业，相互之间的利益都是紧密联系在一起的，作为农业企业整体战略一部分的各农业企业竞争战略，其目标都在于使自己的农业企业获得相对于竞争对手的优势，所以，在实施中就必然会产生冲突与对抗现象，这些冲突与对抗就构成了现有农业企业之间的竞争。现有企业之间的竞争常常表现在价格、广告、产品介绍、售后服务等方面，其竞争强度与许多因素有关。

一般来说，出现下述情况将意味着行业中现有企业之间竞争的加剧，即行业进入障碍较低，势均力敌，竞争对手较多，竞争参与者范围广泛；市场趋于成熟，产品需求增长缓慢；竞争者企图采用降价等手段促销；竞争者提供几乎相同的产品或服务，用户转换成本很低；一个战略行动如果取得成功，其收入相当可观；行业外部实力强大的公司在接收了行业中实力薄弱农业企业后，发起进攻性行动，结果使得刚被接收的农业企业成为市场的主要竞争者；退出障碍较高，即退出竞争要比继续参与竞争代价更高。在这里，退出障碍主要受经济、战略、感情以及社会政治

关系等方面考虑的影响，具体包括：资产的专用性、退出的固定费用、战略上的相互牵制、情绪上的难以接受、政府和社会的各种限制等。

行业中的每一个农业企业或多或少都必须应付以上各种力量构成的威胁，而且客户必须面对行业中的每一个竞争者的举动。除非认为正面交锋有必要而且有益处，例如，要求得到很大的市场份额，否则，客户可以通过设置进入壁垒，包括差异化和转换成本来保护自己。当一个客户确定了其优势和劣势时，客户必须进行定位，以便因势利导，而不是被预料到的环境因素变化所损害，例如，产品生命周期、行业增长速度等，然后保护自己并做好准备，以有效地对其他农业企业的举动做出反应。

根据上面对于5种竞争力量的讨论，农业企业可以采取尽可能将自身的经营与竞争力量隔绝开来、努力从自身利益需要出发影响行业竞争规则、先占领有利的市场地位再发起进攻性竞争行动等手段来对付这5种竞争力量，以增强自己的市场地位与竞争实力。

第二节　制订农业企业经营目标

一、农业企业经营目标含义

农业企业经营目标是在一定时期内，农业企业生产经营活动预期要达到的成果，是农业企业生产经营活动目的性的反映与体现。指在既定的所有制关系下，农业企业作为一个独立的经济实体，在其全部经营活动中所追求的、并在客观上制约着农业企业行为的目的，具有整体性、终极性、客观性的特点。

农业企业经营目标，是在分析农业企业外部环境和农业企业内部条件的基础上，确定的农业企业各项经济活动的发展方向和奋斗目标，是农业企业经营思想的具体化。农业企业经营目标不止一个，其中，既有经济目标又有非经济目标，既有主要目标，又有从属目标。它们之间相互联系，形成一个目标体系。其主要内容为：经济收益和农业企业组织发展方向方面的内容构成。它反映了一个组织所追求的价值，为农业企业各方面活动提供基本方向。它使农业企业能在一定的时期、一定的范围内适应环境趋势，使农业企业的经营活动保持连续性和稳定性。

二、农业企业经营目标的实际意义

农业企业经营目标是价值评估的基础之一。不同的农业企业其经营目标是不同的，例如，改革开放前我国的国有农业企业的经营目标就是能完成上级主管部门下达的经营任务；承包制下的国有农业企业只要能完成期内利润指标即可（不管是怎么完成的）。不同经营目标的背后实际上反映了不同的农业企业制度。农业企业长期经营目标是农业企业发展战略的具体体现。许多农业企业在谈到农业企业长期经营目标时只是想到销售额要达到多少、利润要达到多少，这如同谈到一个孩子的发展时只想到身高、体重要达到多少一样过于狭隘。在农业企业长期经营目标里不仅包括产品发展目标、市场竞争目标，更包括社会贡献目标、职工待遇福利目标、员工素质能力发展目标等。

三、农业企业经营目标的制订

确定合适的目标数量，既要保持一定的目标数量，系统地反映农业企业经营成果，又要坚持目标数量的少而精，以利于集中农业企业资源，解决好主要问题。在确定经营目标数量时，必须统管农业企业全局。对事关农业企业经营成败的关键目标，必须有意识地引导农业企业全体成员抓住重点，切忌将目标数量立得过多、过细，以致主次不分、因小失大。

1. 确定合适的目标水平

要使其充分发挥经营目标所应具有的鼓舞和动员作用，激发职工的积极性和创造性，开展新局面。在确定目标水平时，需防止两种倾向：一是脱离实际，只凭主观愿望，把目标水平定得过高，这样不仅起不到促进作用，反而因为目标难以实现而挫伤职工的积极性；二是妄自菲薄、不求进取，把目标定得过低，不仅满足不了客观需求，也不能保持农业企业的正常发展，还会压制职工的奋发精神。合适的目标水平应是符合客观形势要求，能在原有基础上，通过主观努力，取得新成就。

2. 确定合适的目标表示形式

要尽量采用数量指标和质量指标，以利于综合反映农业企业的经营成果。反映目标水平的指标，可用绝对数或相对数来描述。当用绝对数描述目标时，如销售额、利润额、产品成本等，它只反映经营成果的“量”的水平；当目标用相对数描述时，如销售增长率、利润增长率等，是反映经营成果的可比水平。因此，为具体显示经营成果达到的绝对数量水平，也为了评价、对比经营成果相对提高（或下降）的程度，应同时选用表述目标水平的两类指标为宜。

3. 搞好综合平衡

农业企业各类目标要保持一致性，不能互相脱节、互相矛盾，这样才能保证农业企业经营活动的协调一致，形成“向心力”。农业企业的经营决策参谋部门，应着力于搞好经营目标的综合平衡，发挥统筹指导的作用。

4. 建立与推行目标管理制度

推行目标管理可以有效地引导全体职工，经过上下级之间相互协商的方式，参与目标的制订，建立达成农业企业总体性目标的目标连锁；明确方向与要求，树立责任感，使各项目标充分落实，并通过“自我控制”、考核奖惩等手段，激发人们的主观能动性与创造性，为实现目标而不断奋斗。

正所谓“栽得梧桐树，凤凰纷纷至”。只要有了科学完善的经营目标和管理制度、有效的激励与约束机制、诚信的农业企业核心价值观，就会有员工和市场的忠诚与信任，从而获得良好的农业企业文化和农业企业形象，农业企业的腾飞就会成为必然。

第三节　选择农业企业经营战略

一、农业企业经营战略含义

战略即是一种谋划，是从全局出发而对事物长远发展具有重要影响的谋划。从军事学领域可延伸到许多领域，有多种观点和理解，如计划、决策等。通常，战略可概括为农业企业在分析外部环境和内部条件的现状及其变化的基础上，为求得其长期生存和稳定发展而所作出的长远性总体规划，是农业企业经营思想的集中表现。

二、农业企业经营战略的特点

(1) 全局性。全局性即以农业企业全局为对象，根据农业企业总体发展的需要而制定的。

(2) 长远性。长远性是对未来较长时间（5年以上）内农业企业的生存与发展的通盘考虑及筹划。

(3) 竞争性。竞争性是关于农业企业在竞争中如何与竞争对手相抗衡的行动方案，也是针对来自各方面的许多冲击、压力和威胁及困难而制订的行动方案。

(4) 纲领性。经营战略具有统率作用，侧重解决农业企业生存发展中的主要矛盾。

(5) 风险性。由于环境变化的不确定性，使得经营战略具

有一定的风险决策特征。

(6) 稳定性。在一定时期内应该具有稳定性。当然，也应处理好总体上的连续稳定和过程与环节上的灵活性。

三、农业企业经营战略的类型及体系

1. 总体战略

总体战略，即农业企业最高的行动纲领。按其态势可分为稳定型战略、发展型战略和紧缩型战略。

(1) 稳定型战略。稳定型战略是指农业企业限于经营环境和内部条件，在一定时期内所期望达到的经营状况基本保持在某一水平上。其核心是提高现有条件下的经济效益。优点是风险小，成功可能性大。其缺点是若长期采用，则农业企业发展变慢，容易忽视外部环境变化，错过发展机遇，从而在竞争激烈的市场环境中陷于被动。

(2) 发展型战略。发展型战略又称为扩张型战略，指农业企业扩大原有主要经营领域的规模或向新的经营领域开拓。其核心是通过竞争优势，谋求其发展与壮大。其特点是需要投入较多的资源，才能扩大规模，提高现有产品的市场占有率或用新产品开拓市场。一般可通过技术开发、产品创新、市场拓展、联合和兼并等途径来实现战略目标。发展型战略有4种类型：第一是集中发展型战略。即以发展单一产品为主，以快于以往的增长速度来扩大农业企业目前的产品或服务的销售、利润和市场份额。其优点是经营目标单一，管理方式简便；缺点是对环境的适应能力差，经营风险大。第二是纵向一体化。即垂直一体化，是向前、向后两个方向扩展农业企业当前的业务的增长型战略。既有前向一体化又有后向一体化。这种战略可使农业企业得到资源优势和销售优势，以获得竞争胜利。第三是横向一体化。即水平一体化，是指购买竞争对手的资产或与之联合组成农业企业集团以共同经营，增强农业企业竞争力，是农业企业兼并和集团化的一种组织形式。第四是复合多元化战略（多角化）。是一种增加与农业企业现有产品或服务显著不同的新产品或服务的增长型战略。一般是通过与其他农业企业的合并、收购或合资经营来实现。其优点是规模能够扩大，领域能够拓展，但缺点是精力分散于不同领域。

(3) 紧缩型战略。紧缩型战略是指农业企业从目前的经营领域收缩和撤退，且偏离目标起点较大的一种经营战略。核心是通过紧缩来摆脱当前或即将出现的困境，以求将来发展。紧缩型战略有 3 种，分别是转向战略、脱身战略和清算战略。转向战略更多的是指农业企业在面对更好的机会时，对现存的领域便进行压缩和控制。脱身战略（抽资战略）即农业企业将一个或几个主要部门转让、出卖或停止经营。清算战略即出售或转让农业企业的全部资产，以偿还债务，停止整个农业企业的运行。

2. 经营领域战略

当农业企业是单一化或专业化时，经营领域战略与总体战略是一致的。而当存在多个产品与市场组合时，则存在多个经营领域。经营领域战略是指农业企业在某一行业或某一细分行业中，确立其市场地位和发展态势的战略。大的农业企业可能以战略单位的面貌出现；小的农业企业则以某一市场或产品出现。经营领域战略有 3 种类型：低成本战略、差异化战略和目标集中化战略。

(1) 低成本战略。低成本战略是指农业企业通过有效途径降低成本，使其全部成本低于竞争对手的成本，甚至是同行业中最低的成本，从而获得竞争优势的一种战略。低成本战略的制定是先确定开展成本分析的价值链、分摊成本和资产；了解和分析竞争对手的价值链；研究价值活动的成本形成机制；控制价值活动的成本形成机制，建立成本优势。农业企业处于低成本地位

上，可以抵挡住现有竞争对手的对抗。即使在竞争对手不能获得利润，只能保本的情况下，农业企业仍能获利。面对强有力的购买商要求降低产品价格的压力，处于低成本地位的农业企业在进行交易时握有更大的主动权，可以拥有与购买商讨价还价的能力。当强有力的供应商抬高农业企业所需资源的价格时，处于低成本地位的农业企业可以有更多的灵活性来解决困境。农业企业已经建立起的巨大的生产规模和成本优势，使欲加入该行业的新进入者望而却步，形成进入障碍。在与替代品竞争时，低成本的农业企业往往比本行业中的其他农业企业处于更有利的地位。

(2) 差异化战略。差异化战略是指农业企业向顾客提供的产品或服务与其他竞争者相比独具特色、别具一格，从而使其建立起独特竞争优势的一种战略。差异化战略的制定是确定实际购买者，弄清农业企业价值链对买方价值链的影响；确定买方的购买标准；评估农业企业价值链中现有的和潜在的独特性来源；制定差异化战略方案；检验差异化战略的持久性。差异化战略产生的高边际效益，增强了农业企业对抗供应商讨价还价的能力；农业企业通过差异化战略使购买商缺乏与之可以比较的产品选择，降低购买商对价格的敏感度；农业企业通过差异化战略建立起顾客对本产品的信赖，使得替代品无法在性能上与之匹敌。但是，如果顾客对某种差异化产品可觉察价值的评价，不足以使其认同该产品的高价格，这时低成本战略会轻而易举地击败差异化战略。当顾客变得更加精明时，他们就会降低对产品或服务的差异化要求，转而选择价格较低的产品。

(3) 目标集中化战略。目标集中化战略指将农业企业的经营活动集中于某一特定的购买群体、产品线的某一部分或某一地域性市场，通过为这个小市场的购买者提供比竞争对手更好、更有效率的服务来建立竞争优势的一种战略。制订集中化战略，首先要检验该战略所需要的市场基础和农业企业基础。在通过上述市场基础和农业企业基础检验后，农业企业可依据对小市场顾客需求的深入分析和农业企业核心竞争力以及潜在进入者的威胁等进行决策，选择具体的集中化战略。根据所选战略，运用前述低成本战略的制订方法或差异化战略的制订方法来制订具体的集中化战略方案。由于农业企业在特定的细分市场上采用集中化战略，因此，前两种战略也能依据自身优势，为农业企业所采用或实施。此外，由于集中化战略避开了在大市场内与竞争对手的直接竞争，对于一些力量还不足以与实力雄厚的大公司抗衡的中小农业企业来说，集中化战略可以增强他们相对的竞争优势，因而该战略对中小农业企业具有重要意义。即使对于大农业企业来说，采用集中化战略也能避免与竞争对手正面冲突，使农业企业处于一个竞争的缓冲地带。竞争对手可能会进入农业企业选定的细分市场，并采取优于农业企业的更集中化的战略。狭窄小市场中的顾客需求可能会与大市场中一般顾客需求趋同，此时，集中化战略的优势就会被削弱或消失。

第四节　编制农业企业经营计划

一、认知农业企业的经营计划

（一）农业企业经营计划的概念与特点

决策是计划的前提，计划是决策的逻辑延续。计划就是将企业一定时期内的活动任务分解给企业的各部门、各环节或每个人，从而为这些部门提供行动依据，确保决策目标的实现。因此，计划是为了实现企业经营决策所确定的目标而预先进行的行动安排。这项行动安排具体包括：在时间和空间两个维度上进一步分解企业的目标任务，选择目标任务的实现方式，进度规定，行动结果的检查与控制等。因此，企业计划必须清楚描述

"5W1H"，即：

What——做什么——目标任务和工作内容。

Why——为什么做——做的原因和理由。

Who——谁去做——人员安排。

When——何时做——时间安排。

Where——何地做——地点安排。

How——怎样做——方式与手段。

农业企业的生产经营计划是指农业企业为了达到一定时期的生产经营目标，根据企业的内外环境与资源条件对企业生产什么、生产多少、如何生产所作出的具体计划安排，是企业有预见地对未来生产经营活动在时间和空间上所做的具体安排与行动部署。

农业企业的生产经营计划具有目标性、主导性、普遍性、效益性的特点。

(二) 农业企业经营计划的种类

农业企业的经营计划包括长期经营计划、年度经营计划和阶段性经营计划3种。

1. 长期经营计划

农业企业的长期经营计划亦称长远规划或远景规划，一般应在5年以上、10年、20年不等。长期计划是从战略上、整体上确定农业企业发展方向、奋斗目标、比例关系、增长速度和主要措施的纲领性计划。长期经营计划的内容不宜过细，应简明扼要。主要包括如下内容。

(1) 农业企业的经营方针、发展方向、经营规模，各业的发展比例和发展速度等。

(2) 为实现上述目标应采取的措施计划。如土地利用计划、基建投资计划、农业科技规划、劳动力利用计划、经营管理改革计划等。

（3）计划期内的主要经济效果指标。主要有总产量、商品率、劳动生产率、土地生产率、成本、资金、利润等。

2. 年度经营计划

企业的年度经营计划是指在计划年度内，为落实企业生产经营活动的具体指标而编制的计划，用于反映企业当年的生产经营规模、营利水平与发展速度。它是企业长期生产经营计划的具体实施计划。农业企业的年度计划由许多业务部门的计划构成，一般包括如下内容。

（1）生产经营计划。生产经营计划是农业企业年度计划的核心内容，是制订其他计划的依据。农业企业的生产经营计划是由企业生产的具体产品计划和从事的业务计划组成，通过这些计划企业制订各种资源要素的配置利用计划，并具体确定各项技术经济指标。

（2）产品销售计划。企业的产品销售计划主要是根据生产规模和市场需求制订的各种产品销售计划。主要包括各种农产品的销售量、销售收入和销售利润等。

（3）土地利用计划。土地是农业生产的基本资料。土地利用计划主要反映各项用地面积、结构和变动情况，是农业企业编制生产经营计划的基础。

（4）员工配置计划。员工配置计划主要包括企业员工在各部门的配置与利用计划，劳动力利用率与劳动生产率增长计划等。

（5）物资供应计划。物资供应计划主要包括种子、肥料、农药、地膜、农机具的年需要量计划。

（6）基本建设计划。基本建设计划包括农田、水利基本建设计划，农业生产和生活设施、农业机械设备等计划。农业企业要把资金筹措计划及投资效果作为编制基建计划的重要内容。

（7）财务成本计划。财务成本计划主要包括财务收支计划、

资金的筹集方式、流动资金计划、企业投资计划、成本计划等。

（8）利润分配计划。它以生产、销售和成本计划为依据进行编制，内容包括目标利润、利润增长率及增长幅度等。

3. 阶段性经营计划

阶段性经营计划又称作业计划，是组织生产经营活动的具体实施计划。其主要内容包括：作业项目、作业任务、作业期限、工作量、质量要求、操作规程、劳动安排、资金物资使用额度等。它把企业当年的各项生产（劳务）活动按季、月、旬、班次具体分配到企业的各班组和个人，从而保证年度生产经营计划的具体执行。

二、编制农业企业的经营计划

（一）农业企业经营计划的编制原则

1. 市场导向原则

农业企业从事生产经营活动的目的，是追逐最大化的利润。因此，编制企业的生产经营计划，首先应考虑市场需要，努力做到按需生产，以销定产。

2. 弹性原则

农业生产是自然再生产和经济再生产相互交织的生产过程，在计划执行过程中，存在着许多难以预料的不确定因素。因此，生产经营计划要留有余地，具有弹性，以适应情况变化。

3. 统筹安排原则

企业制订生产经营计划，要坚持统筹兼顾，综合平衡，使生产经营活动的各个环节之间、各经营计划之间，企业的供、产、销、人、财、物等各个方面，保持一定的平衡和衔接。

（二）农业企业经营计划的编制程序

1. 做好做细编制生产经营计划的准备工作

准备工作具体包括：搜集和分析资料、确定计划指标体系、核定企业的生产能力。

2. 拟订能够达到目标的计划方案

拟订方案就是要提出实现企业既定目标的各种可行方案，以便权衡利弊，比较选优。

3. 审议修改计划草案

计划草案编制好以后还需征求听取企业各方面的意见，以便做必要的修改，经过股东会、董事会或理事会的审议，最后形成企业的最终计划方案。

(三) 农业企业经营计划的编制方法

1. 综合平衡法

综合平衡法是农业企业为了达到既定的生产经营目标，根据企业生产经营计划确定的生产经营项目与各产品、各项目的既定规模，将企业人力、物力、财力、土地、设备等生产资源，在各部门和各项目之间进行合理分配，实现需求与可能之间的平衡。它是企业根据生产经营计划确定资源配置计划的常用方法。

农业企业计划工作所用的平衡表，可根据实际需要而设，从其内容来看，主要有 3 种。

(1) 物资平衡表。这是用实物来反映生产任务与所需资源条件之间平衡关系的计划表格，一般按不同物资或生产资料分别进行编制。

(2) 资金平衡表。资金平衡表是用货币形态来反映资金来源与占用之间平衡关系的计划表。由于资金平衡是综合性的，因此，要贯彻量入为出的原则，做到资金分配与物资供应相互衔接。

(3) 劳动平衡表。劳动平衡表是反映劳动资源及其利用情况的平衡表。要根据企业生产经营的实际需要，安排好企业长期用工与临时用工的人员配置计划，确保生产作业不误农时。

2. 滚动计划法

滚动计划法是按照“近细远粗”的计划编制原则，将企业的长期计划与年度计划结合起来，确保企业在计划执行过程中，能根据实际情况变化适时修正和调整计划的一种计划编制方法。采用滚动计划法修订长期计划，可根据年度计划的实际执行情况，结合情况变化每年调整1次，并将计划顺序向前推进1年，这样年复一年不断向前滚动，企业长期计划就由静态平衡变为动态平衡。

3. 产品系列评价法

产品系列评价法就是根据企业实力与市场引力两个综合指标，通过评分方法对计划生产的不同产品进行综合评价，然后依据分数的高低作出相应决策，再经过平衡来编制产品品种计划。评分一般采用10分制，8~10分为好，4~7分为中，3分以下为差。

【案例】

安发国际集团是1998年创立于素有“地球上最后一块净土”美誉的新西兰，是全球一流的以专业研究、开发和推广药用真菌、天然植物和海洋生物等天然药物为主导的健康产业集团。安发国际集团通过高科技天然药物和保健品的研发与制造，推进人类疾病治疗和养生保健的步伐；立志于高科技手段，汇集业界精英，提高人类健康品质，引领人类健康时尚，服务人类健康生活。公司长期致力于针对为害人类健康最大的亚健康和慢性疾病族群，专精研发、生产、销售系列“纯天然、高效能、无毒、无副作用”的高科技天然药物和保健品。公司以新西兰纯净无污染和天然优质产品的形象自诩，以“全人类都拥有健康，生活更灿烂”为信念，以此打造一个掌声不断的国际健康事业。

为了优化中国的生物科技和健康产业，推动中国传统医药现代化，安发国际集团于2005年7月成立安发（福建）生物科技有限公司。安发生物科技园位于福建省宁德市东侨经济开发区，科技园占地8.34hm^2，总投资5亿元人民币，融研发、生产、营销、科普为一体。园区内有研发中心、国际生物科技交流中心、员工宿舍楼、行政管理大楼、GAP示范栽培基地、GMP标准生产车间、生物产业文化园等配套项目。建成后的安发生物科技园将成为安发国际控股集团在亚洲地区的研发中心、生产中心和管理总部。

安发生物科技落地中国，秉承“生命是灵、科技是魂、质量是根、诚信是本”的事业理念，联合国内多所高校、科研机构进行高层次的研究合作，致力于推动传统中医药标准化、现代化、国际化，被中国健康协会食品营养与安全专业委员会评为“食物与安全示范企业”，并授予“副会长单位”称号。2010年，被列为“中国科协·海智计划福建工作基地生物科技产业示范点”，2011年，被评为“国家级高新技术企业”和“福建省农业产业化省级重点龙头企业”。安发生物科技在中国带动了一系列与农业、农村、农民相关的“农源型”产业，为区域经济的发展注入了新鲜血液，焕发了勃勃生机，为农林牧渔业原料增值开辟了一条新路。为中国政府彻底解决“三农”问题打造了成功的“安发模式”。

第三章 农业产业化经营与标准化生产

第一节 农业产业化经营

一、农业产业化经营的内涵与特点

（一）农业产业化经营的内涵

“产业”这个概念在英语词汇中与“工业”是一个词，在汉语词汇中也含有“工业生产”的意思。因此，产业化也就有了工业化的含义。

农业产业化就是在发展现代农业的过程中，打破部门分割，促进专业分工，重构农业产业价值链，实现农产品的转换增值，使农业逐渐成为一个产、加、销一条龙，贸、工、农一体化的完整的、现代意义上的产业。具体来讲，农业产业化就是在稳定家庭承包经营的前提下，以国内外市场为导向，以提高经济效益为中心，对当地农业的支柱产业和主导产品实行区域化布局、专业化生产、一体化经营、社会化服务和企业化管理，把产供销、种养加、贸工农、农科教紧密结合起来，形成一条龙的农业经营体制和各具特色的“龙”型生产经营体系，通过龙头企业把农户的生产经营与国内外市场连接起来，将农产品从生产到消费的各环节有机联成一个完整的产业链条，使龙头企业与农民结成利益共享、风险共担的经济共同体。农业产业化经营是在家庭经营的基础上实现农业规模化、集约化经营，促进农业生产向专业化、商品化、社会化转变，最终实现农业现代化的基本途径。

（二）农业产业化经营的特点

1. 专业化生产

农业生产专业化包括3种类型：一是农业经营主体的专业化。各农业经营主体逐步摆脱“小而全”的生产方式，转向专门或主要为市场生产提供某种或某类农产品。二是农业生产过程的专业化，即农产品生产全过程中不同生产工艺由若干具有相对优势的专门经营主体分别完成。这种分工方式符合农艺过程专业化的要求。三是农业生产的区域化布局。

2. 区域化布局

区域化布局就是依据区域比较优势，将农业产业经营中的主导产业或生产系列按照“一乡一业”“一村一品”或“数村一品”的原则，设立专业化小区，重点发展具有区位优势的特色农产品，并按小区进行农业资源要素配置，发展商品农产品生产基地，提高农业规模聚集效益。

3. 一体化经营

一体化经营就是农业产业化龙头企业通过合同契约把从事农业生产资料供应、农产品生产以及加工、储藏、运输、销售的诸多企业与农户整合在一起，共同构筑农业产业价值链，从而将长期割裂的农业产前、产中、产后环节重新联结起来，形成各具特色的“龙”型生产经营体系。

4. 社会化服务

社会化服务是指通过一体化组织，不仅可以利用龙头企业的资金、技术和管理优势，而且还可组织有关农业科研机构、技术推广部门对共同体内各个组成部分提供产前、产中、产后的信息、技术、经营、管理等全程服务，促进各要素紧密有效结合，最大限度提高经济效益。

5. 企业化管理

企业化管理就是通过"公司+农户""公司+合作社+农户"等方式，依靠龙头企业带动，将个体农户聚集在产业价值链上，形成具有工业化特征的"柔性经营综合体"，通过合同契约，参股分红，全面成本效益核算，对全系统的营运实行组织化、企业化管理。

(三) 农业产业化经营的功能作用

农业产业化经营有利于创新农业体制机制，转变农业发展方式，培育新型农业经营主体，建立专业化、集约化、组织化与社会化相结合的新型农业经营体系。

1. 农业产业化经营有利于解决小生产与大市场的矛盾

各地农业产业化经营的实践证明，凡是建立起农产品"产供销一条龙""贸工农一体化"经营体制的地方，都较好地解决了分散农户如何进入市场、参与竞争的问题。一个龙头企业可以带动一批生产基地和千家万户进入国内外市场，减轻了广大农民的市场压力和所承受的市场风险，提高了农业与农民的组织化程度，从而在一家一户的小生产与国内外大市场之间架起了高速通道。较好地解决了长期以来农业生产与市场脱节的问题。

2. 农业产业化经营有利于推动农业经营体制的变革与创新

我国以"公司+合作社+农户"为主要形式的农业产业化经营模式，突破了原有社区双层经营体制下，集体经济严重虚化的局限，丰富了为农户服务的内容，提高了农业的社会化服务水平，在更大范围和更高层次上实现了农业资源的优化配置，是对统分结合的双层经营体制的充实、完善和发展。农户家庭承包经营与农业产业化经营相结合，使农户找到了在市场经济条件下新的联合与合作的形式，是具有中国特色和时代特征的农业经营形式。

3. 农业产业化经营有利于农业结构的调整优化和换代升级

农业结构的战略性调整是对农产品品种和质量、农业区域布局和产后加工转化等进行全面调整优化，也是加快农业科技进步、转变农业发展方式、促进农业向深度进军的过程。由于受长期自然经济和农民种养习惯的影响，许多地区生产的农产品不适应市场的要求，生产结构趋同，品种规格单一，产品质量差、档次低、标准化程度低。实施农业产业化经营，能按照市场需求对产品品种、质量、规模等进行科学决策，推动了农业结构的调整优化。

4. 农业产业化经营有利于提高农产品的质量标准与农业的市场竞争力

农业产业化经营造就了一大批具有竞争力的新型市场经营主体。龙头企业通过组织农户，实行专业化、标准化生产和规模化、集约化经营，充分发挥家庭经营和农村劳动力成本低的优势，在依靠精深加工和提高科技含量的同时，打造出一批名、优、特、新农产品。从而提高了农业的标准化程度，增强了农业的市场竞争力。

二、农业产业化经营的基本模式

（一）龙头企业带动型（公司+基地+农户）

龙头企业带动型的农业产业化经营是以农产品的加工、储藏、运销企业为龙头，围绕一个产业或一种产品，实行产、加、销一体化经营的农业产业化经营模式。龙头企业外辖国内外市场，内辖农产品生产基地与农户，形成一种“公司+基地+农户”的产业组织形式，在这种产业化经营的组织模式下，经济利益主体主要是龙头企业和农户两方。龙头企业和农户之间的利益连接方式主要是合同契约，利益分配主要是保护价让利、纯收益分成等。

（二）中介组织带动型（中介组织+农户）

中介组织带动型的农业产业化经营模式是以从事统一农业生产项目的若干农户按照一定的章程联合起来，组建多种形式的农民专业合作经济组织，如蔬菜专业协会、养鸡协会、葡萄专业合作社、花卉销售合作社等，在这些中介组织的带动下，进行农产品产、加、销一体化经管的农业产业化经营模式。在这种产业化经营的组织形式下，经济利益主体主要是中介组织与农户两方。他们之间的经济利益通过组织章程及合同连接起来。中介组织的盈余，在提取一定积累后，一部分按交易量返还给成员；另一部分按成员入社股金进行分红。

（三）市场带动型（专业市场+农户）

市场带动型是以专业市场或专业交易中心为依托，形成商品流通中心、信息交流中心和价格形成中心，带动区域专业化生产，实行农产品的产、加、销一体化经营，从而扩大生产规模，形成产业优势，节省交易成本，提高营运效率。

（四）合作经济组织带动型（农民专业合作社或专业协会+农户）

专业合作经济组织带动型是农民自己创办专业合作社或专业协会等合作经济组织，使其在农业产业化经营中为农民提供产前、产中及产后的多种服务，一方面为入社农户统一提供生产资料、信息、服务，帮助农户解决生产资金；另一方面组织入社农户统一生产、统一加工、统一包装、统一价格销售，参与专业化、商品化的农业生产经营，解决了个体农户分散生产、实力弱小，进入市场渠道不畅的问题。

（五）科技带动型（科研单位+农户）

科技带动型的农业产业化经营模式是以科技单位为龙头，以先进技术的推广应用为核心，在科技龙头的带动下，实现农产品产、加、销一体化经营的农业产业化经营模式。在这种农业产业化经营的组织形式下，主要的利益主体是科研机构与农户两方。在这种组织模式中，收益按比例分成。

(六) 主导产业带动型（主导产业+农户）

主导产业带动型农业生产化经营模式是从利用当地资源，发展特色产业和优势产品出发，发展“一乡一业”“一村一品”或“数村一品”，形成生产、加工、销售一体化经营的农业产业集群或产业价值链。在这一产业化经营组织形式下，农产品加工者、营销者与生产者（农户）之间的连接关系是相当松散的，它们之间没有成文的合同约束，互相之间的经济利益是靠市场交换联系起来的，从相互之间的公平买卖，等价交换中，实现了各自的经济利益。

由此可见，可供选择的农业产业化经营模式类型多样，农业企业应因地制宜地选择适合自己的经营模式，并在市场化、产业化的发展过程中不断创新完善。

三、农业产业化经营的组织实施

(一) 农业产业化经营的运行机制

1. 利益分配机制

农业产业化经营的利益分配机制主要有以下几种情形。

(1) 公司型龙头企业与农户之间的利益分配机制。第一种是松散型分配机制，按照市场交换原则相互进行平等交易，与一般市场买卖关系相类似；第二种是紧密型分配机制，龙头企业按照系统内非市场安排与市场机制相结合的方式，对农户提供服务，并按内部合同保护价收购农户的产品，农户即可获得交售农产品的一般利润，还能得到一定利润返还。

(2) 合作经济组织内部的利益分配机制。合作经济组织内部的利益分配，一般按合作社或协会章程和合作合同规定进行。农户作为专业合作社或专业协会的成员，从合作经济组织中得到

信息、科技、加工、运销服务。农户既是农业共营系统中的生产者，又是合作经济财产的共有人，合作社的盈余分配一般按合作社与成员的交易量或交易额按比例返还。

（3）股份合作制经济组织与农户之间的利益分配机制。许多地方的合作经济组织和集体经济组织，发展农业产业化经营，引入了股份制，形成股份合作制经济或股份制集体经济。其中，农户既是生产者又是股东，一方面获得作为生产者的利益；另一方面又按股份分红，得到投资回报。农民自办的股份经济组织与此相类似。

2. 营运约束机制

（1）市场约束机制。农业产业化经营各参与主体面对千变万化的大市场，都有原料供应或产品销售方面的风险。市场一般从需求、价格、竞争等方面约束农业产业化经营。农业产业化经营组织只有做到按需生产，才能有效避免价格波动带来的风险。农业产业化经营组织可在当地建立专业市场、发布网络信息，招引天下客商，也可建立渠道、网点等。

（2）合同约束机制。合同或协议一经签订就具有连续性、稳定性与法律效力。合同约束机制是农业产业化经营普遍采用的运行方式。龙头企业与基地（村）和农户签订的产销合同、资金扶持合同、土地流转合同以及技术成果引进推广合同等，都明确规定了各方的权利义务，双方必须诚实守信，严格履约，确保双方的合法权益不受侵害。

（3）专业承包约束机制。有的地方将一体化经营分为两大部分：一部分是农产品加工和运销，实行公司制经营，向国内外市场出售其制成品；另一部分是种植业初级产品生产，在坚持家庭联产承包经营体制的前提下实行专业承包经营，以所属公司为甲方．专业承包大户为乙方，签订专业承包合同，规定甲乙双方在农业生产经营中的责权利。甲方为乙方提供各种服务，乙方实行科学种田，完成所承担的生产任务。

(4) 管理约束机制。在农业产业化经营系统中，企业与企业之间、企业与农户之间实行股份合作，互相参股；有的农户以土地、资金、技术向企业参股，形成新的资产关系。龙头企业演化成为股份合作制法人实体，而入股农户则成为企业的股东和企业车间型经营单位，他们相互依存、共兴共荣。入股农户不仅可以凭股分红，而且还能从龙头企业以低于市场价的价格采购到生产资料。因此，无论是股份制还是合作制，都要建立民主管理体制。

3. 基本保障机制

(1) 组织保障。是否建立稳定的组织，是判断某个经营实体是否实施农业产业化经营的一个重要标准，也是制定与执行各种制度的承担者和重要保证者。首先，农业产业化经营组织载体，特别是合格的龙头企业极为重要，因为它是制度的制定者和主要执行者；其次，农民专业合作社、农产品专业协会与其他联合自助组织同样重要。农民的组织化程度越高，制度效率和经营效率就越高，经营过程中的交易成本就越低。

(2) 制度保障。农业产业化经营系统要健全有关规章制度，如合同产销制度、价格保护制度、风险基金制度等。合同产销制度是订单农业的具体体现，实行合同产销制度可以减少生产的盲目性，真正体现以销定产，按需生产。价格保护制度是在农产品产销合同中以完全成本加平均利润的基准明确规定所收购农产品的价格，避免因市场价格波动对农户利益造成损失。风险基金制度则是为防范农业的自然风险和市场风险而由龙头企业自建或是由龙头企业、政府、农户共建的一种保障制度，目的是将农业的经营风险降到最低限度。

(3) 非市场安排。农业产业经营系统内非市场安排是龙头企业与参与农户之间的一种特殊利益关系，也是一种特殊的资源

配置方式。这种特殊安排是保证农业产业化经营系统再生产过程连续有序运行，保证系统内各利益主体权益稳定的重要手段。主要内容有：资金扶持、低价供应或赊销农业生产资料等。

（二）农业产业化经营的组织实施

实施农业产业化经营，应重点抓好以下几个关键环节。

1. 因地制宜，确定区域特色优势产业

市场经济条件下，区域主导产业的确定是实施农业产业化经营的重要前提。确定主导产业要遵循因地制宜、扬长避短的原则，以市场为导向，立足本地的资源禀赋条件和特色优势，发展各具特色、布局合理的优势产业和产品，从而形成区域性特色主导产业。如甘肃省的玉米制种、酿造原料、马铃薯、中药材生产基地；新疆维吾尔自治区的优质彩棉、糖料生产基地；四川省的优质亚热带水果生产基地；云南省、贵州省的花卉、烟草生产基地；青海省、西藏自治区的草地畜牧业生产基地等都是从当地资源优势出发，以市场为导向确定的区域性主导产业。

2. 积极培育农村市场，大力扶持龙头企业

在农业产业化经营中，农户深感信息闭塞，渠道不畅，生产的农产品销售困难。许多乡镇至今尚无成形的农产品集散市场，农户为销售产品，只好将自己的产品运送到有市场的乡镇，这不仅造成利润的外流，而且增加了农民的运输成本、时间成本。因此，各级地方政府应大力发展农产品批发市场，重点加强仓储、保鲜、运输、加工等基础设施建设，增强市场的配套服务功能，有重点、有针对性地进行贯穿城乡、辐射全国、带动功能强的农产品专业批发市场建设，为农业产业化经营创造良好的市场环境。

3. 切实抓好商品农产品基地建设

商品农产品基地是龙头企业的依托，也是农业产业化经营的基础。因此，各地要从自身实际出发，通过调整农业产业结构、

优化区域布局，有计划、有步骤地加强农产品商品基地建设，要突出区域特色，选准主攻方向，培育支柱产业，发展特色产品，逐步形成与资源特点和市场需求相适应的区域化经济格局。

4. 建立完善务实高效的农业社会化服务体系

农业社会化服务体系是实施农业产业化经营的重要环节。因此，要逐步建立起以农民专业合作经济组织为基础，以农业经济技术部门为依托，以农民自办服务实体为补充的多行业、多经济成分、多形式、多层次、高效率、功能齐全、设施配套的农业社会化服务体系，强化农业产前、产中、产后的系列化配套服务，以确保农业产业化经营的持续稳定发展。

5. 完善内部经营机制，正确处理产业化内部的利益分配关系

以经济利益为纽带，形成利益共享，风险共担的分工协作关系是农业产业化经营持久发展的内在动力。因此，应按照市场经济的运行机制，正确处理龙头企业与农户、龙头企业与其他服务组织的关系。应本着欲取先予、让利于民的原则，在产业系统内部统一核定农副产品价格，企业把加工销售环节的部分利润返还给农民；通过预付定金、赊销化肥、种子、饲料、苗木等生产资料，扶持农民进行规模化、标准化生产。积极探索利用契约方式发展订单农业的运行机制，使农业产业化经营组织真正成为风险共担、利益共享的经济共同体。

第二节　农业标准化生产

农业标准化是农业现代化的重要内容，是农业产业结构优化升级的重要技术基础，也是应对农业入世，确保农产品质量安全，保护农业生产者和消费者合法权益的重大工程。要建设有竞争力的现代商品农业，必须着力提高农业的标准化生产水平。

一、农业标准化生产的内涵

“标准”就是对重复性事物制定的共同遵守的规则。标准化是在一定的范围内通过制定共同规则获得最佳秩序和社会效益的活动。农业标准化生产，就是运用“简化、统一、协调、优选”的原则，对农业的产前、产中、产后全过程，通过制定、实施统一的生产标准和技术规程，对农业生产活动进行全流程控制，以促进高效安全农业技术成果和经验模式的推广普及。农业标准化是现代农业生产技术和科学管理的有机结合，是对农户生产经营行为和操作规程的控制和规范，是农产品参与国际竞争的通行证，是确保农产品质量安全的有效途径。

农业标准化的对象是农产品及种子的品种、规格、质量、等级、安全、卫生要求；试验、检验、包装、储存、运输、使用方法；生产技术、管理技术、术语、符号、代号等。其目的是将农业的科技成果和多年的生产实践相结合，制订成“文字简明、通俗易懂、便于操作”的技术标准和管理标准向农民推广，最终生产出高产、优质、营养、安全的农产品。农业标准化的内涵是农业生产经营要以市场为导向，建立健全规范化的工艺流程和衡量标准。

二、农业标准化的主要内容

农业标准化的内容十分广泛，但归结起来主要包括如下几方面。

1. 农业基础标准

农业基础标准是指在一定范围内作为其他标准的基础并普遍使用的标准。主要是指在农业生产技术中所涉及的名词、术语、符号、定义、计量、包装、运输、储存、科技档案管理及分析测试标准等。

2. 种子、种苗标准

种子、种苗标准主要包括：农、林、果、蔬等种子，种苗、种禽、鱼苗等品种种性和种子质量分级标准、生产技术操作规程、包装、运输、储存、标志及检验方法等。

3. 产品标准

产品标准指为保证产品的适用性、对产品必须达到的某种或全部要求制定的标准，主要包括农林牧渔等产品品种、规格、质量分级、试验方法、包装、运输、储存、农机具标准、农资标准以及农业用分析测试仪器标准等。

4. 方法标准

方法标准指以实验、检查、分析、抽样、统计、计算、测定、作业等各种方法为对象而制订的标准，包括选育、栽培、饲养等技术操作规程、规范、试验设计、病虫害测报、农药使用、动植物检疫等方法或条例。

5. 环境保护标准

环境保护标准指为保护环境和有利于生态平衡，对大气、水质、土壤、噪声等环境质量、污染源检测方法以及其他有关事项制订的标准，例如水质、水土保持、农药安全使用、绿化等方面的标准。

6. 卫生标准

卫生标准是指为了保护人体和其他动物身体健康，对食品饲料及其他方面的卫生要求而制订的农产品卫生标准。主要包括农产品中的农药、兽药残留及其他重金属等有毒、有害物质残留允许量的标准。

7. 农业工程及工程构件标准

农业工程及工程构件标准是指围绕农业基本建设中各类工程的勘察、规划、设计、施工、安装、验收以及农业工程构件等方面需要协调统一的事项所制订的标准，如塑料大棚、种子库、沼

气池、标准化畜禽圈舍、鱼塘、人工气候室等。

8. 管理标准

管理标准是指对农业标准领域中需要协调统一的管理事项所制定的标准，如标准分级管理办法、农产品质量监督检验办法以及各种审定办法等。

三、农业标准体系

（一）农业标准体系的构成

农业标准化是一项系统工程，这项工程的基础是农业标准体系、农业质量监测体系和农产品评价认证体系建设。三大体系中，标准体系是基础中的基础，只有建立健全涵盖农业产前、产中、产后等各个环节的标准体系，农业生产才有章可循、有标可依。农业标准体系一般由农业技术标准、农业管理标准和农业工作标准 3 部分组成。

1. 农业技术标准

农业技术标准包括基础性技术标准；农产品标准；生产技术规程、规范；农艺、农产品加工技术标准；检验、检疫标准；设施标准；环境标准；包装、标志、储运标准。

2. 农业管理标准

农业管理标准包括农产品生产、加工过程中的人力管理、基础设施管理；生产过程中的质量控制；安全、卫生质量标准；实施管理的报告和记录。

3. 农业工作标准

农业工作标准的内容包括工作岗位责任；岗位工作人员的基本技能；工作内容、要求与方法；检查与考核的办法和量化指标等。

（二）农业标准体系的分类

我国农业标准体系分为 4 级。

1. 国家标准

国家标准是指对全国经济技术发展有重大意义，必须在全国范围内统一的标准。国家标准由国家质量技术监督局编制计划和组织草拟，并统一审批、编号和发布。

2. 行业标准

行业标准是指我国全国性的农业行业范围内需要统一的标准。《中华人民共和国标准化法》规定："对没有国家标准而又需要在全国某个行业范围内统一技术要求，可以制定行业标准。"农业行业标准是由中华人民共和国农业部（现"农业农村部"）组织制定。行业标准是对国家标准的补充，行业标准在相应国家标准实施后，自行废止。

3. 地方标准

地方标准是指在某个省、自治区、直辖市范围内需要统一的标准。对没有国家标准和行业标准而又需要在省、自治区、直辖市范围内统一的技术和管理要求，可以制定地方标准。地方标准由省、自治区、直辖市政府标准化行政主管部门制定。地方标准不得与国家标准、行业标准相抵触。在相应的国家标准或行业标准实施后，地方标准自行废止。

4. 企业标准

企业标准是指企业所制定的产品标准和在企业内需协调、统一的技术要求和管理工作要求所制定的标准。企业标准由企业制定。

国家标准、行业标准、地方标准和企业标准之间的关系是，对需要在全国范围内统一的技术要求，应当制定国家标准；对没有国家标准而又需要在全国某个行业内统一技术要求，可以制定行业标准；对没有国家标准和行业标准而又需要在省、自治区、直辖市范围内统一技术要求，可以制定地方标准；企业生产的产品没有国家标准和行业标准的，应当制定企业标准。国家鼓励企

业制定高于国家标准的企业标准。

四、农业标准化生产的基本模式

农业标准化工作要以全面提高农产品质量安全水平为核心，以农业标准体系和农产品质量安全检验检测体系为基础，以“菜篮子”产品为突破口，从产地和生产两个环节入手，逐步实现农产品生产、加工、销售全过程的质量控制，着力提高农民的科学种田与养畜水平，从根本上解决农牧业生产中的污染问题。为此，农业标准化生产的基本模式如下。

1. 基地建设型

基地建设型就是按照培育区域主导产业，发展特色优势产品的思路，由政府部门牵头，建设区域化、优质化、标准化的商品粮、棉、油生产基地，形成优势农产品产业带和无公害农产品生产基地，通过项目带动，提高农业的标准化生产水平。特征是以政府推动为主，以项目方式带动。措施是政府制定规划、科学选定标准、广泛进行培训、积极创办样板，以建立农业标准体系、农产品质量安全检验检测体系，形成以国家标准、行业标准为主，地方标准和企业标准相配套，与国际标准相接轨的产前、产中、产后全过程的农业标准体系。

2. 市场准入型

市场准入型就是通过加大农业生产投入品监管，推广标准化生产技术，建立健全农产品质量安全检验检测体系，推行农产品市场准入，禁止有毒、有害农产品上市销售，全面提升农产品质量安全水平，确保市场销售的农产品达到无公害农产品的质量安全标准。特征是涉及安全、卫生方面的标准必须强制执行，在标准实施结果的考核上必须达到法律法规规定的最低准入条件。对农产品而言，主要是农药残留、兽药残留、重金属污染等不能超过国家法律法规的相关规定和市场准入方面的最低要求。

3. 认证推动型

认证推动型就是通过无公害农产品、绿色食品、有机食品“三品”认证，强化“从农田到餐桌”的过程管理理念，确保农产品质量安全，促进农产品产地环境、生产过程和产品质量符合国家有关标准与规范的要求。特征是通过专门技术机构，按照相应程序，促进使用者推行标准，通过检查，作出科学评价，颁发证明贯标标志，世界各国普遍推崇，我国大力倡导，积极推行。措施是投入品监管、关键点（产地环境、生产过程、产品质量）控制、标准化生产、安全性保障。发展定位是以无公害农产品为重点，大力发展绿色食品，适度发展有机食品。

4. 企业带动型

企业带动型就是通过农业产业化龙头企业的带动，引导农户按照产业分工原则参与农业产业化经营，并按龙头企业确定的农产品质量标准与生产技术规程进行农业标准化生产。特征是以农业产业化龙头企业为依托，利用资金、技术、品牌，通过标准化手段，将企业的加工、贸易行为和周边的农户分散生产有机结合起来，通过合同契约的方式，形成“生产—技术—品牌—资金”相融合的利益共同体。措施是打造品牌、浓缩标准、签约实施、按标收购。

5. 行业自律型

行业自律型就是通过成立农产品行业协会或农民专业合作社，由行业协会或合作社牵头，统一组织农业投入品采购、运输、储藏和供应，降低农产品生产成本；统一制定和实施生产技术规程和产品质量标准，逐步建立农产品质量追溯、检验监督制度；统一开展农业技术培训，规范农户的生产行为；统一组织农产品加工销售，提高农业标准化生产水平。特征是行业协会或合作社通过标准将产销环节有机衔接，运用协会或合作社的技术与组织资源，将规模做大、品牌做响，市场做活。措施是摸清行情

优势、选准技术标准、加强培训督导、统一品牌销售。

五、农业标准化生产的组织实施

1. 以采用国际标准和国内先进标准为重点，推进农业标准体系建设

一是建立农业标准体系。把农业产前、产中、产后各个环节纳入标准化管理轨道，加快种子（种苗、种禽）、产品（无公害农产品、绿色农产品）和加工包装（分等级）的质量标准创新，形成与国际标准和行业标准相配套的标准体系。二是建立农业监测体系。完善农业生产资料、农副产品和农业生态环境等方面的监测网络，重视农业标准化生产设备和检测仪器的研发与转化工作。三是建立农业监督体系。整合农业、质监、工商等有关部门现有资源，培养一批农产品安全技术人员，专门从事无公害农产品、绿色食品、有机食品的产地、产品创建和申报认证工作。四是建立农产品评价体系。加快农产品、畜产品、水产品的评价体系建设。五是建立农产品技术体系。制定生产技术规范、品种技术标准、农艺技术标准等。

2. 以分段监管为原则，推进农产品检测体系建设

按照合理布局、避免重复的原则，充分利用社会现有资源，加快省、市、县农产品质量安全检测体系建设。质监、农业、检验检疫等部门按照分段监管的原则，密切协作，加强对农产品及其加工制品、农业投入品、农药残留和农业环境质量的检测、监督，逐步建立以国家、省级农产品质量安全检验监测机构为龙头，市、县级农产品质量安全检验监测机构为骨干，龙头企业、生产基地、市场检测室（点）为基础的农产品质量安全检验检测体系。重点抓好出口示范基地、出口创汇龙头企业和标准化农产品批发市场自律性检验检测机构建设，做到结构优化、布局合理、职能完善、管理规范，以满足农产品质量安全监管的需要。

3. 以主导农产品和出口农产品为基点，推进农业标准化示范区（基地）建设

以主导农产品和出口农产品为基点，规划建设农业标准化示范区和出口农产品基地，发挥农业标准化示范区特有的聚集、扩散与辐射带动作用。采取建立一个示范区，完善一类农产品质量标准体系的做法，确保我国农业标准体系建设扎实推进，要把农业标准化基地建设与农产品商品基地、养殖基地、科技示范园区和农业综合开发结合起来，通过“公司+基地”“公司+中介组织+客户”等多种途径，向农户推广质量标准和生产规范，不断提高全国主要基地名特优农产品标准化生产的覆盖率；并结合“861”行动计划，有选择地将粮食、油料、蔬菜、水果、茶叶、畜禽、中药材等作为出口基地的重点品种加以扶持，积极引种、推广国外高效农产品，加速我国农产品品种改良，建立完善农产品出口质量追溯体系。

4. 以规范农户的生产行为为突破口，加强农业科技推广和农业标准化生产培训

标准化生产是以生产单位掌握一定的农业科技知识为前提的，建立“农业院校+研究所+农业科技推广部门+农业产业化龙头企业+农户”为主的新型农业科技推广体系。使农业标准化建立在劳动者素质提高和农业技术进步的基础上。要加强农民科技培训，提高农民接受应用农业新技术的能力：一是要通过“两基”工作，提高农民的文化素质；二是要采取“科技下乡”“绿色证书”培训、开现场会、印发宣传资料等形式，促进农业科技进村入户，切实让农民掌握农业标准化生产技术，使广大农民的科技意识、专业技能显著提升。

5. 以专业批发市场为抓手，建立健全农产品市场信息披露制度

由于我国市场信息披露制度不健全，消费者无法准确了解非

标准化生产农产品的危害性，加之消费者质量意识淡薄，使非标准化生产的农产品仍有消费市场，某些产品甚至畅销，如用化学药物催生的豆芽；用福尔马林泡制的海参、鱿鱼；市场上发现的“毒豆奶”“毒奶粉”“毒大米”、含瘦肉精（盐酸克伦特罗）的猪肉、含苏丹红的红心鸭蛋、含孔雀石绿的桂花鱼等。为此，必须健全农产品市场信息披露制度，使生产者、消费者及时了解优质农产品信息。并通过加强市场进货、储运、安全检验、监测信息收集与发布的规范化管理，推行农产品质量规格等级、计量、包装标志等标准，通过执行严格市场准入制度，确保销售农产品安全。

第四章 农产品质量安全管理

第一节 农产品质量安全概述

一、农产品质量安全的概念

按照《中华人民共和国农产品质量安全法》的定义，农产品质量安全是指农产品的质量符合保障人的健康、安全的要求，即食用农产品中不应包含可能损害或威胁人体健康的有毒、有害物质或不安全因素，不可导致消费者急性、慢性中毒或感染疾病，不能产生危及消费者及其后代健康的隐患。农产品质量安全有狭义和广义之分，狭义的农产品安全仅仅指农产品对消费者本人的健康而言，而广义的农产品安全还应包括对后代、环境等方面的影响。目前人们对农产品质量安全的要求是广义的要求，所以，农产品质量安全就意味着在农产品的产地、生产过程、贮藏、运输、加工和销售等各个环节中，各种有毒有害物质都要得到控制，农产品本身和生产方式不能给消费者本人、其后代和环境带来危害和损失。

正因如此，农产品质量安全包括4个基本要素。①安全：即农产品对人、动物、环境是安全的，不构成任何威胁或负面影响。②优质：这是农产品生产的目的、价值的体现、消费的动力。③营养：主要针对人的消费，不同的人群、不同的发展阶段和消费习惯，有不同的营养需求。④健康：指农产品被食用后能

维护生命活力、身体机能等。

二、农产品质量安全的特点

1. 隐蔽性

农产品质量安全的隐蔽性是指农产品中的不安全因素对人的危害在多数情况下表现为慢性，在不觉察中影响人体的健康，不容易被人注意；同时，在大多数情况下人们难以通过感觉发现农产品是否安全，必须借助仪器设备并由专业人员才能对其安全性作出评价。

2. 对标志的依赖性

对一般消费者而言，判断农产品质量是否安全，往往依赖于所谓的标准或标志。换句话说，食用的农产品质量是否安全在当下只能借助标志来作出判断；标志是农产品安全性的一种表现形式，也是生产者或销售者作出的具有法律意义的承诺。

3. 相对性

农产品质量安全的相对性是指农产品中有害物质的种类和含量、农产品安全评价标准以及安全对象的相对性。目前还找不到绝对不含有任何有害物质的农产品，只是含量极少，目前的技术水平检验不出；或者有害物质的含量对大部分人构不成可觉察或可检测出的危害。

4. 后果的严重性

在日常生活中，农产品中的不安全因素不容易被人们直接觉察，一旦发生农产品安全问题，往往会导致严重后果。况且，随着农产品物流和跨境贸易的发展，这种负面影响可能是全国性的，甚至是全世界的，而且越是大宗农产品，危害的严重性越高。

三、农产品质量安全体系

为确保农产品质量安全，必须按照国际或国内通用的技术规范与标准要求对农产品的质量安全进行监督检验。目前，我国农产品质量安全主要通过农产品质量安全体系的实施与监管来保证。农产品质量安全体系。

中国政府为确保农产品质量安全，提升农产品质量安全的监管水平，在全社会范围内推行以无公害食品行动计划、CAC食品安全标准和农产品质量安全例行监测制度为内容的质量安全体系，从而促进我国农产品质量安全向世界发达国家的水平靠近。

1. 无公害食品行动计划

我国从2002年7月开始在全国范围内实施“无公害食品行动计划”。“无公害食品行动计划”着重强调3个方面的推进措施：一是强化生产过程管理，即强化生产基地建设，净化产地环境，严格农业投入品管理，推行标准化生产；二是推行市场准入制，即建立检测制度，推广速测技术，创建专销网点，实施标志管理，推行追溯和承诺制度；三是完善保障体系，即加强法制建设，健全标准体系，检验检测体系，加快认证体系建设，建立信息网络。

2. CAC食品安全标准

CAC食品安全标准是国际食品法典委员会制定的被世界各国普遍认可的食品安全标准。国际食品法典委员会是联合国粮农组织（FAO）和世界卫生组织（WHO）共同创建的，其宗旨在于保护消费者健康，促进食品贸易公平开展，协调所有食品标准的制定工作。

3. 农产品质量安全例行监测制度

农产品质量安全例行监测制度是推进“无公害食品行动计

划”的重要措施之一，2001年从北京、天津、上海、深圳4个试点城市的蔬菜农药残留和生猪“瘦肉精”污染定点监测工作开始实施，进而逐步扩展到全国37个城市全年5次的蔬菜农残、16个城市畜产品污染和5个城市水产品中药物污染定点监测。随后又开展了符合国际规则和惯例的兽药及兽药残留监控计划、农药及农药残留监控计划、饲料及饲养违禁药物监控计划等。

第二节　农产品质量安全管理

随着《中华人民共和国农产品质量安全法》（以下简称《农产品质量安全法》）的颁布实施，中国农产品质量安全管理发生了重大变革，从过去单纯政府管理转向全面共同参与，从单一政府职责转向全社会共同推进，从阶段性工作转向法定性、持久性和常态化工作，从单一的行政推动转向行政推动与执法监管相结合，从单一的部门职能行为转向国家公共事务管理职能。

一、农产品质量安全管理的特点

1. 科学管理

遵循国际通行的农产品质量安全管理的风险评估与全程追溯理论，国务院农业行政主管部门设立由有关方面专家组成的农产品质量安全风险评估专家委员会。对可能影响农产品质量安全的潜在危害进行风险分析和评估。国务院农业行政主管部门根据农产品质量安全风险评估结果采取相应管理措施，并将农产品质量安全风险评估结果及时通报国务院有关部门；充分考虑农产品质量安全风险评估结果，并听取农产品生产者、销售者和消费者意见，制定农产品质量安全标准，保障消费安全；县级以上人民政府农业行政主管部门若发现有不符合《农产品质量安全法》第三十三条规定的农产品，应当查明责任人，依法予以处理。

2. 规范生产

各级各类农业生产经营主体必须明确农产品标准化生产、规范化管理的规定。国家应鼓励支持农业生产经营主体生产优质农产品，禁止生产、销售不符合国家规定的农产品质量安全标准的农产品；禁止在有毒、有害物质超过规定标准的区域生产、捕捞、采集食用农产品和建立农产品生产基地；禁止违反法律、法规向农产品产地排放或者倾倒废水、废气、固体废物或者其他有毒有害物质。农业生产用水和用作肥料的固体废物，应当符合国家规定标准；农产品在包装、保鲜、贮存、运输中使用保鲜剂、防腐剂、添加剂等材料，也应符合国家有关强制性技术规范，通过净化产地环境，提高农业标准化生产水平，确保农产品质量安全。

3. 市场准入

农产品市场准入就是经有资质的认证机构或权威部门认证（认定）的安全农产品（包括无公害农产品、绿色食品、有机食品），或经检验证明其质量安全指标符合国家安全卫生、无公害或检疫等方面的法律、法规、标准及其他质量安全方面规定的农产品准予上市交易和销售，对未经认证（认定）或检测（检疫）不合格的农产品，不准上市交易和销售的制度规定。随着人们生活水平的逐渐提高，人们越来越关注食品的安全和身体健康。然而，由于农产品生产环境污染，农药、化肥使用不当和不法奸商的恶意行为，致使农产品中残留的有毒有害物质严重超标。通过市场准入机制倒逼生产、销售单位及个人严格自律、规范行为。

4. 法定责任

为确保农产品质量安全，必须明确规定农产品生产者、销售者、技术机构和管理者的法律责任。应按照“地方政府负总责、监管部门各负其责、生产经营者是第一责任人”的要求，着力构建“分兵把守、协调配合、全国一盘棋”的监管机制。要进一步明确各级农业部门在农产品质量安全监管过程中的职责和任务，尽快建立权责一致的农产品安全监管业绩考核评价机制，推动各地将农产品质量安全监管纳入地方政府绩效考核重点，积极做好农业部农产品质量安全监管绩效管理在省级农业部门的延伸试点工作。对在农产品质量安全监管工作中的失职、渎职行为，要依据法律法规，严肃问责。

5. 救助

应使公众和被监管对象有反映问题、陈述理由的公共信息传递平台和通道。《农产品质量安全法》明确规定：农产品生产者、销售者对监督抽查检测结果有异议的，可以自收到检测结果之日开始5日内，向组织实施农产品质量安全监督抽查的农业行政主管部门或者其上级农业行政主管部门申请复检。因检测结果错误给当事人造成损害的，政府部门和相关机构依法承担赔偿责任。国家鼓励单位和个人对农产品质量安全进行社会监督。任何单位和个人都有对农产品质量安全违法行为进行检举、揭发和控告的权利。生产、销售违反《农产品质量安全法》第三十三条规定农产品给消费者造成损害的，农产品生产者、销售者依法承担赔偿责任。若在农产品批发市场中销售的，消费者可直接向农产品批发市场要求赔偿。

6. 全程

对农产品实施生产、流通环节全程质量安全监管。国家应建立统一的农产品质量安全监测制度，县级以上人民政府农业行政主管部门按照保障农产品质量安全要求，统一负责制订并组织实施农产品质量安全监测计划，对生产中或者市场上销售的农产品进行监督抽查。监督抽查检测应当委托符合《农产品质量安全法》第三十五条规定条件的农产品质量安全检测机构进行，不向被抽查人收取费用，抽取的样品不得超过国务院农业行政主管部门规定的数量。凡上级农业行政主管部门监督检查过的农产品，下级农业行政主管部门不得另行重复抽查。县级以上人民政府农业行政主管部门在农产品质量安全监督检查中，可以对生产、销售的农产品进行现场检查，调查了解农产品质量安全的有关情况，查阅、复制与农产品质量安全有关的记录和其他资料，经检查不符合农产品质量安全标准的农产品，有权查封、扣押。

二、农产品质量安全管理的原则

1. 源头治理原则

农产品质量安全是在生产过程中产生的，因此，农产品质量安全管理应打破长期以来“反弹琵琶”的工作方法，强调从源头入手，加强污染源控制：一是加强动植物病虫害防治造成的污染管理，攻克化学性农药、兽药残留等关键性源头污染；二是加强农产品产地环境污染管理，重点是对产地铅、砷、镉等本地污染以及灌溉用水、“三废”污染的重点防范；三是加强农业投入品污染管理，重点是对违禁药物使用和农业投入品不科学、不合理使用的防范。

2. 市场准入原则

不合格、不安全农产品只有做到不准上市销售，农产品质量安全管理的各项措施才能真正落到实处。因此，在无公害食品行动计划和农产品质量安全管理过程中，各级农业行政主管部门应积极推行认证合格、检测合格后方可上市销售的做法。近年来，全国各地的省会城市都相继出台了农产品

质量安全市场准入办法，明确规定不合格、不安全的农产品不准上市销售。实践证明，这是确保农产品质量安全最为有效的监管措施。

3. 标准化生产原则

按照国际惯例，不但终端产品要安全，而且必须保证过程要规范，风险和隐患必须消灭在生产过程之中，这是农产品质量安全管理最根本性的保障措施。为此，在农产品质量安全管理过程中，必须坚持：以统一规范的技术文本为依据，以示范基地建设为载体，以无公害生产技术培训为手段，以提高生产者质量安全意识和生产保证能力为落脚点，狠抓过程控制，通过提高农业的标准化生产水平，使农产品的质量安全达到确保人民身心健康的要求。

4. 产销对接原则

产销对接原则就是通过农产品生产者与农产品批发市场两端建立自律机制，明确双方的责任和义务，并通过合同契约形式将农产品生产者与销售者的责任、义务明晰化、具体化、法制化，实现从地头到餐桌的全程控制，确保农产品生产、销售环节不出任何质量安全问题，敦促生产者与销售者安全生产、规范经营，行为自律，以保证上市销售农产品的质量安全水平。

三、农产品质量安全管理措施

1. 加强生产过程监管，净化农产品产地环境

要分期分批创建一批国家级和省级无公害农产品生产基地、标准化生产综合示范区和出口农产品生产基地，要加强农产品产地管理，改善农产品生产条件，禁止违反法律、法规向农产品产地排放或者倾倒废水、废气、固体废物或者其他有毒有害物质，禁止在有毒有害物质超过规定标准的区域生产、捕捞、采集农产品和建立农产品生产基地。严格农业投入品管理，定期向社会公

布禁用、限用及推荐的农业投入品品种目录，严格执行农药、兽药、饲料添加剂等农业投入品禁用和限用目录，确保在农业生产中使用的农业投入品安全可靠。

2. 推行农业标准化生产，严格执行农产品包装、标识规定

要积极扶持发展专业技术协会、流通协会等专业合作经济组织和农产品经纪人队伍，通过产业化经营方式，带动农户按照“三品一标”的生产技术规程和质量要求与进行农业标准化生产，严格执行农业投入品使用安全间隔期或休药期的规定，禁止使用国家明令禁止的农业投入品。要建立完善农产品生产记录，如实记载生产中使用农业投入品的情况、动物疫病和植物病虫草害的发生和防治情况以及农产品收获、屠宰、捕捞的日期等情况。要根据不同农产品的特点，逐步推行产品分级包装上市和产地标识制度。

3. 完善农产品市场准入制度，加大主体问责处罚力度

要积极推行追溯承诺制度，按照从生产到餐桌每个环节可相互追查的原则，建立农产品生产、经营记录制度，在全国范围内推行猪、牛、羊耳标管理，实现农产品质量安全可追溯。要通过合同形式，对购销农产品的质量安全做出约定，大力推行“产地与销地”“市场与基地”“屠宰厂与养殖场”的对接与互认。要通过农产品质量安全承诺，积极探索不合格农产品召回、理赔和退出市场流通的机制，对不符合质量安全标准的农产品不仅要责令经营主体停止生产与销售，而且，还要进行无害化处理或监督销毁。

4. 重视“三品一标”认证，推动农产品保障体系建设

根据农产品质量安全监管需要，积极推动农产品标准体系、检验检测体系与认证体系建设。要按照国际标准，抓紧制定急需的农产品质量安全标准，及时清理、修订过时的农业国家标准、行业标准和地方标准。要推行农产品快速检测制度，倡导在农产

品生产基地、批发市场、农贸市场开展农药残留、兽药残留等有毒有害物质残留检测，及时公布检测结果。要加强农产品质量安全认证体系建设，积极推行 GAP（良好农业规范）、HACCP（危害分析与关键控制点）体系认证，通过推动“三品一标”认证，全面提升农产品质量安全水平。

第三节　农产品质量认证

质量认证是国际上对质量管理的一个通行手段，即通常所说的产品认证和 ISO 9000 标准认证。质量认证不仅是一种先进的管理方式，同时也是政府部门为提高本国产品质量而采用的一项有效管理措施。通过质量认证，转变发展方式，促进提质增效，实现品质生活。

一、农产品质量认证

农产品质量认证始于 20 世纪初美国开展的农作物种子认证，并以有机食品认证为代表。到 20 世纪中叶，随着食品生产传统方式的逐步退出和工业化比例的增加，国际贸易的日益发展，食品安全风险程度的增加，许多国家引入“农田到餐桌”的过程管理理念，把农产品认证作为确保农产品质量安全和降低政府管理成本的有效政策措施。于是，出现了 HACCP（食品安全管理体系）、GMP（良好生产规范）等多种农产品认证形式。

我国农产品认证始于 20 世纪 90 年代初农业部实施的绿色食品认证。2001 年，农业部提出了无公害农产品的概念，并组织实施“无公害食品行动计划”，各地自行制定标准开展了当地的无公害农产品认证。在此基础上，2003 年实现了“统一标准、统一标志、统一程序、统一管理、统一监督”的全国统一的无公害农产品认证。20 世纪 90 年代后期，国内一些机构引入国外有机食品标准，实施了有机食品认证。另外，我国还在种植业产品生产中推行 GAP（良好农业操作规范）和在畜牧业产品、水产品生产加工中实施 HACCP 食品安全管理体系认证。当前，我国基本上形成了以产品认证为重点、体系认证为补充的农产品认证体系。

（一）无公害农产品认证

1. 无公害农产品的概念

无公害农产品是指产地环境、生产过程和产品质量符合国家有关标准和规范要求，经认证合格获得认证证书，并使用无公害农产品标志的未经加工或者初加工的食用农产品。

2. 无公害农产品认证方式

无公害农产品认证采取产地认定与产品认证相结合的方式。运用了从“农田到餐桌”全过程管理的指导思想，打破了过去农产品质量安全管理分行业、分环节管理的理念，强调以生产过程控制为重点，以产品管理为主线，以市场准入为切入点，以保证最终产品消费安全为基本目标。产地认定主要解决产地环境和生产过程中的质量安全问题，是产品认证的前提和基础，产地认定由省级农业行政主管部门组织实施；产品认证主要解决产品安全和市场准入问题，产品认证由农业部农产品质量安全中心组织实施。凡符合《无公害农产品质量安全管理办法》规定，生产产品在《实施无公害农产品认证的产品目录》内，具有无公害农产品产地认定有效证书的单位和个人，均可申请无公害农产品认证，无公害农产品认证是政府行为，认证不收费。无公害农产品产地认定证书与产品认证证书（图 4-1）。

3. 无公害农产品认证的特点

（1）公益性。无公害农产品认证执行的是无公害食品标准，认证的对象主要是百姓日常生活中离不开的“菜篮子”和“米袋子”产品。也就是说，无公害农产品认证的目的是保障人民的

图 4-1　无公害农产品产地认定证书与产品认证证书

身体健康和生命安全，满足大众消费，是政府推动的公益性认证。

（2）普遍性。无公害农产品认证的主要目的是保障基本安全，满足大众消费，示范普通农民。凡具有无公害农产品产地认定有效证书的单位和个人均可申请无公害农产品认证，因此，无公害农产品认证具有普遍性的特征。

（3）公正性。无公害农产品检测机构是具备法定检测资格，经农业部农产品质量安全中心委托的机构。它受农业部农产品质量安全中心委托，承担申报产品的抽样和检验任务，承担无公害农产品年度抽检任务，并依照法律、法规和无公害农产品标准，客观、公正地出具农产品检验报告，检测机构的工作不受外界干扰，是中立的第三方行为，客观公正。

（4）专业性。无公害农产品认证推行“标准化生产、投入品监管、关键点控制、安全性保障”的技术制度。从产地环境、生产过程和产品质量3个重点环节控制危害因素含量，保障农产品质量安全。因此，无公害农产品的认证管理办法具有较高的专业水平。

4. 无公害农产品申请认证程序

(1) 申请人从中心、分中心或所在地省级无公害农产品认证归口管理单位领取，或者从中国农业信息网下载《无公害农产品认证申请书》及有关资料。

(2) 申请人直接或者通过省级无公害农产品认证归口管理单位向申请认证产品所属行业分中心提交以下材料（一式两份）。

- 《无公害农产品产地认定与产品认证申请书》。
- 《无公害农产品产地认定证书》(复印件)。
- 国家法律法规规定申请者必须具备的资质证明文件（复印件)，如营业执照、注册商标、卫生许可证等。
- 符合规定要求的《产地环境检验报告》和《产地环境现状评价报告》或者符合无公害农产品产地要求的《产地环境调查报告》(两年内的)。
- 无公害农产品生产计划。
- 无公害农产品生产质量控制措施。
- 无公害农产品生产操作规程。
- 专业技术人员资质证明和保证执行无公害农产品标准和规范的声明。
- 符合规定要求的《产品检验报告》。
- 以农民专业合作经济组织作为主体和“公司+农户”形式申报的，提交与合作农户签署的含有产品质量安全管理措施的合作协议和农户名册（包括农户名单、地址、种养殖规模)；如果合作社申报材料中填写的是“自产自销型、集中生产管理”，请提供书面证明说明原因，并附上合作社章程以示证明。

(3) 分中心自收到申请材料之日起，在10个工作日内完成申请材料的审查工作，申请材料不符合要求的，中心书面通知申请人，本生产周期内不再受理其申请。申请材料不规范的，分中心书面通知申请人补充相关材料。申请人在规定的时间内按要求完成补充材料并报分中心。分中心在5个工作日内完成补充材料的审查工作。

(4) 申请材料符合要求但需要对产地进行现场检查的，分中心组织检查员和专家组成检查组进行现场检查。现场检查不符合要求的，书面通知申请人，本生产周期内不再受理。

(5) 申请材料符合要求或者申请材料和产地现场检查符合要求的，分中心书面通知申请人，委托有资质的检测机构对其申请认证产品进行抽样检验。

(6) 产品检验不合格的，中心书面通知申请人，本生产周期内不再受理其申请。

(7) 中心在5个工作日内完成对材料的审查、现场检查(需要时) 和产品检验的审核工作。组织评审委员会专家进行全面评审，在15个工作日内作出认证结论：同意颁证的，中心主任签发《无公害农产品认证证书》；不同意颁证的，中心书面通知申请人。

(8) 中心根据申请人生产规模、包装规格核发无公害农产品认证标志。

《无公害农产品认证证书》有效期为3年，期满如需继续使用，证书持有人应当在有效期满90日前按本程序重新办理。

(二) 绿色食品认证

1. 绿色食品的概念与特征

绿色食品是遵循可持续发展原则，按照特定生产方式生产，经专门机构认证，许可使用绿色食品标志的无污染、无公害、安全、优质、营养类食品。由于与环境保护有关的事物国际上通常都冠之以“绿色”，为了更加突出这类食品出自良好生态环境，便定名为绿色食品。绿色食品一般具备4个条件：一是产品或产品原料产地必须符合绿色食品生态环境质量标准；二是农作物种植、畜禽饲养、水产养殖及食品加工必须符合绿色食品的生产操作规程；三是产品必须符合绿色食品质量和卫生标准；四是产品外包装必须符合国家食品标签通用标准，符合绿色食品特定的包装、装潢和标签规定。

正因如此，绿色食品与普通食品相比具有3个显著特点：一是强调产品出自良好生态环境；二是对产品实行“从田间到餐桌”全程质量控制；三是对产品依法实行统一标志与管理。

2. 绿色食品申报程序

凡具有绿色食品生产条件的单位和个人，出于自愿申请使用绿色食品标志使用权的申请人，申请程序如下。

(1) 申请人向所在省、自治区、直辖市绿色食品办公室领取申请表格及有关资料。

(2) 申请人按要求填写“绿色食品标志使用申请书（一式两份）”“经营主体生产情况调查表”，并连同有关资料一并报省（区、市）绿色食品办公室（以下简称绿办）。

(3) 由省（区、市）绿办委派至少两名绿色食品标志专职管理人员赴申报企业及其原料产地进行实地调查，考察后写出正式报告。

(4) 由省（区、市）绿办委托有关环境评价单位（通过省级以上计量认证）赴申报企业进行农业环境质量调查与评价。

(5) 以上材料由省（区、市）绿办初审后报送中国绿色食品发展中心审核。

(6) 中国绿色食品发展中心审核材料后，下达一审结果。一审结果有3种情况：若申报材料不合要求，则下达一审意见，企业收到一审意见后应在两个月内对有关问题作出如实答复；若

材料中有违反原则性的问题，则不予通过，且当年不再受理该企业的申报；若材料合格，即下抽样单，绿办据此按有关规定进行抽样，抽样后送到指定食品检测部门进行检测。

（7）食品质检部门将检测报告直接寄往中国绿色食品发展中心，中心对此报告进行终审，合格即通知企业办理有关手续，不合格者，当年不再受理其申请。

（8）中国绿色食品发展中心对上述合格产品进行编号，并颁发绿色食品标志使用证书。

（9）绿色食品标志使用证书有效期为3年。在此期间，绿色食品生产企业必须接受中心、绿办或中心委托的监测机构对其产品进行抽检及年检，并履行“绿色食品标志使用协议”。期满后若欲继续使用绿色食品标志，必须于期满前3个月办理重新申请手续。

（三）有机食品认证

1. 有机食品的概念

有机食品是根据有机食品种植标准和生产加工技术规范生产的、经过有机食品颁证组织认证并颁发证书的一切食品和农产品。国家环保局有机食品发展中心（OFDC）认证标准中关于有机食品的定义是：来自有机农业生产体系，根据有机认证标准生产、加工并经独立的有机食品认证机构认证的农产品及其加工品等。有机食品与无公害食品和绿色食品最显著的差别是：有机食品在生产和加工过程中绝对禁止使用农药、化肥、除草剂、合成色素、激素等人工合成物质；而无公害食品和绿色食品则允许有限制地使用上述物质。因此，有机食品的生产要比其他食品难得多，需要建立全新的生产体系，采用相应的替代技术。

2. 有机食品认证程序

（1）申请。

• 申请人向 COFCC 分中心提出正式申请，领取《有机食品认证申请表》《有机食品认证调查表》《有机食品认证书面资料清单》《有机食品生产技术准则》等文件。

• 申请人填写《有机食品认证申请表》和《有机食品认证调查表》，并准备《有机食品认证书面资料清单》中要求提供的文件。

• 申请人按《有机食品生产技术准则》的要求，建立本经营主体的质量管理体系、生产操作规程和质量信息追踪体系。

(2) 预审、审查并制订初步检查计划。

• 分中心对申请人材料进行预审。预审合格，分中心将有关材料复制给认证中心。

• 认证中心根据分中心提供的项目情况，估算检查时间(一般需要两次检查：生产过程 1 次、加工 1 次)。

• 认证中心根据检查时间和认证收费管理细则，制订初步检查计划、估算认证费用。

• 认证中心向申请者寄发《受理通知书》《有机食品认证检查合同》，同时，通知分中心。

• 分中心对申请者材料进行初审，对申请者进行综合审查；分中心将审核意见和申请人的全部材料复制给认证中心；认证中心审查并做出“何时”进行检查的决定；若审查不合格，认证中心通知申请人且当年不再受理其申请。

(3) 签订有机食品认证检查合同。

• 申请人确认《受理通知书》后，与认证中心签订《有机食品认证检查合同》。

• 根据《有机食品认证检查合同》的要求，申请人交纳相关费用的 50%，以保证认证前期工作的正常开展。

• 申请人制定内部检查员（生产、加工各 1 人）配合认证工作，并进一步准备相关材料。

● 所有材料均使用书面文件和电子文件各1份，复制给分中心。

(4) 实地检查评估。

● 全部材料审查合格以后，认证中心派出有资质的检查员进行实地检查；检查员取得申请人相关资料后依据《有机食品认证技术准则》准则的要求，对申请人的质量管理体系、生产过程控制体系、追踪体系以及产地、生产、加工、仓储、运输、贸易等进行实地检查评估。

● 必要时，检查员需对土壤、产品抽样，由申请人将样品送指定的质检机构检测。

(5) 编写检查报告。

● 检查员完成检查后，按认证中心要求编写检查报告。

● 检查员在检查完成后两周内将检查报告送达认证中心。

(6) 综合审查评估意见。

● 认证中心根据申请人提供的申请表、调查表等相关材料以及检查员的检查报告和样品检验报告等进行综合审查评估，填写颁证评估表，提出评估意见。

● 认证中心将评估意见报颁证委员会审议。

(7) 颁证决议。颁证委员会定期召开颁证委员会工作会议，对申请人的基本情况调查表、检查员的检查报告和认证中心的评估意见等材料进行全面审查，作出同意颁证、有条件颁证、有机转换颁证或拒绝颁证的决定。证书有效期为1年。

● 同意颁证：申请内容完全符合有机食品标准，颁发有机食品证书。

● 有条件颁证：申请内容基本符合有机食品标准，但某些方面尚需改进，在申请人书面承诺按要求进行改进以后，也可颁发有机食品证书。

● 有机转换颁证：申请人的基地进入转换期1年以上，并继续实施有机转换计划，颁发有机转换基地证书。从有机转换基地收获的产品，按“转换期有机食品”销售。

• 拒绝颁证：申请内容达不到有机食品标准要求，颁证委员会拒绝颁证，并说明理由。

(8) 颁证。根据颁证决议和《有机食品标志使用管理规则》的要求，签订《有机食品标志使用许可合同》，并办理有机食品标志的使用手续，颁发有机食品证书。按照国际惯例，有机食品标志认证1次有效期为1年。1年期满后可申请“保持认证”，审核合格后可继续使用证书。标志管理；绿色食品未来必将成为农产品认证的主体，应继续扩大比例，引导其向公益性方向发展；有机食品在我国受资源约束不能成为认证主导，但应鼓励有条件的地方大力发展。

二、体系认证

(一) 良好农业规范认证

1. 良好农业规范认证概述

良好农业规范是一套主要针对初级农产品生产的操作规范，强化农业生产者的经营管理行为，实现对种植、养殖全过程控制，从源头上控制农产品质量安全的农业规范。1997年，欧洲零售商农产品工作组在零售商的倡导下，提出了“良好农业规范”（简称GAP）。GAP主要通过规范种植/养殖、采收、清洗、包装、储藏和运输过程管理，鼓励减少农用化学品和药品的使用，来实现保障初级农产品质量安全、可持续发展、环境保护、员工健康安全以及动物福利等目标。GAP对农业生产活动中的每一个细节的要求都制定了详细的标准，如在水果、蔬菜生产过程中，从土地的准备、种子的选择到播种、病虫害防治、收获、清洗、包装、运输，几乎每一道工序都列出了明确的控制点，包含了从农田到餐桌的整个食品链的所有步骤。

2003年4月，国家认证认可监督管理委员会首次提出在我国食品链源头建立"良好农业规范体系"，并于2004年启动了China GAP标准的编写和制定工作。中国GAP标准起草主要参照欧洲GAP标准控制条款，并结合中国国情和法规要求编写而成。目前，我国有15家认证机构经国家认证委批准开展GAP认证业务。中国良好农业规范认证图标图4-2。

一级认证标志

二级认证标志

图4-2 中国良好农业规范认证图标

中国GAP认证分为两个级别的认证：一级认证要求符合适用良好农业规范相关技术规范中所有适用一级控制点的要求，并且至少符合所有适用良好农业规范相关技术规范中适用的二级控制点总数95%的要求，不设定三级控制点的最低符合百分比；二级认证要求所有产品应至少符合所有适用模块中适用的一级控制点总数的95%的要求，不设定二级控制点、三级控制点的最低符合百分比。一级认证与全球良好农业规范认证要求一致。申请人获得GAP认证证书后可以在非零售产品包装、产品宣传材料、商务活动中使用认证标志。

2. 良好农业规范认证的流程与方法

良好农业规范（GAP）认证的申请人可以是单个农业生产经营者，也可以是农业生产经营组织。GAP认证根据项目规模、项目类型、审核时间以及认证决定的时间进行收费。

（1）良好农业规范（GAP）认证的流程。申请良好农业规范（GAP）认证的申请人，应按以下流程申请 GAP 认证（图 4-3）。

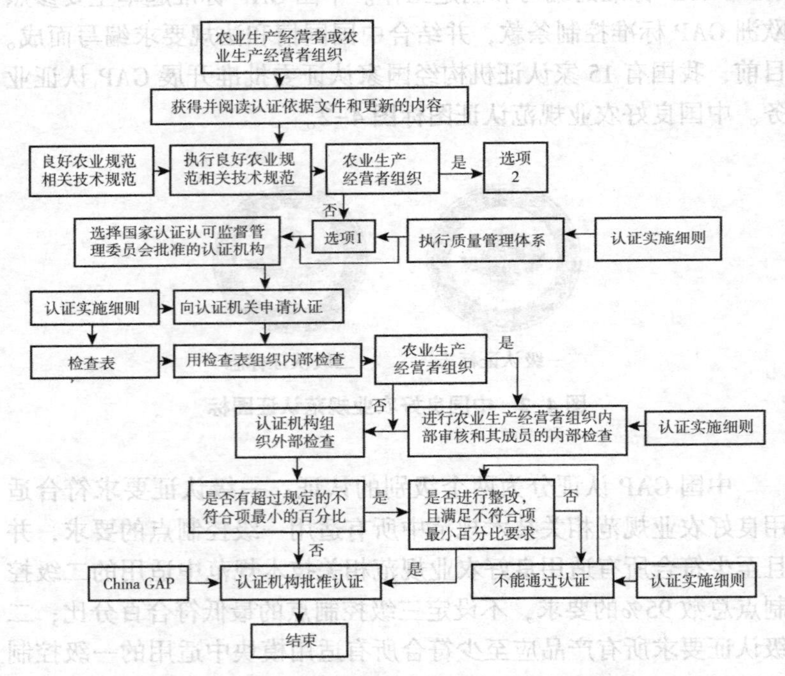

图 4-3　良好农业规范（GAP）认证流程示意

（2）良好农业规范（GAP）认证的方法。

• 熟悉标准，认真阅读 GB/T 20014《良好农业规范》标准，了解标准中的要求。

• 企业管理者、生产负责人和内部审核员应参加过培训，以便更多地了解 GAP 的要求。

• 生产操作过程符合相关 GAP 控制点的操作标准，遵循本国和出口目标国的法律法规，并保存 GAP 操作过程中完整的农

事活动书面记录。

- 在接受正式的独立检查之前，企业应该使用 GAP 检查表进行一次自我检查，验证是否符合了 GAP 的所有控制点，并对不符合的地方进行记录和改进。
- 申请者在接受检查之前，要积极配合，提供相关文字材料。
- 内部检查员应该对认证的地块上 GAP 操作体系的执行情况每年进行至少 1 次内部检查（自我检查）。重点是操作中的不符合项、整改措施的落实情况。
- 检查安排：作物类检查，初次检查要求申请人提供获得注册号之后，收获日期之前 3 个月的记录。

（二）良好操作规范（GMP）认证

良好操作规范是一种特别注重制造过程中产品质量和安全卫生的自主性管理制度。它是一套适用于制药、食品等行业的强制性标准，要求企业从原料、人员、设施设备、生产过程、包装运输、质量控制等方面按国家有关法规达到卫生质量要求，形成一套可操作的作业规范帮助企业改善企业卫生环境，及时发现生产过程中存在的问题并加以改善。GMP 所规定的内容是食品、药品加工企业必须达到的最基本的条件。

1. 食品 GMP 的意义

（1）为食品生产提供一套必须遵循的组合标准。

（2）为卫生行政部门、食品卫生监督员提供监督检查的依据。

（3）为建立国际食品标准提供基础。

（4）便于食品的国际贸易。

（5）使食品生产经营人员认识食品生产的特殊性，提供重要的教材，由此产生积极的工作态度，激发对食品质量高度负责的精神，消除生产上的不良习惯。

(6) 使食品生产企业对原料、辅料、包装材料的要求更为严格。

(7) 有助于食品生产企业采用新技术、新设备，从而保证食品质量。

2. 食品 GMP 的基本精神

降低食品生产过程中人为的错误；防止食品在生产过程中遭到污染或品质劣变；建立健全的自主性品质保证体系。

3. 推行食品 GMP 的目的

(1) 提高食品的品质与卫生安全。

(2) 保障消费者与生产者的权益。

(3) 强化食品生产者的自主管理体制。

(4) 促进食品工业的健全发展。

4. 食品 GMP 认证申请食品

GMP 认证工作程序包括申请受理、资料审查、现场勘验评审、产品抽验、认证公示、颁发证书、跟踪考核等步骤。

食品企业应递交申请书。申请书包括产品类别、名称、成分规格、包装形式、质量、性能，并附公司注册登记复印件、工厂厂房配置图、机械设备配置图、技术人员学历证书和培训证书等。

三、地理标志认证

(一) 农产品地理标志的概念与特征

《农产品地理标志管理办法》给农产品地理标志的定义是：标示农产品来源于特定地域，产品品质和相关特征主要取决于自然生态环境和历史人文因素，并以地域名称冠名的特有农产品标志。它既是产地标志，也是品质和质量标志，属于农产品质量安全法调整的范围。因此，农产品地理标志是一个专用名词，具有公益性、亲农性、区域独特性、权利的永久性、权利的不可转让

性以及持续的品牌效应等特征。

（二）农产品地理标志申请

1. 申请材料

农产品地理标志登记申请人为县级以上地方人民政府根据规定申请条件择优确定的农民专业合作经济组织、行业协会等组织。符合农产品地理标志登记条件的申请人，可以向省级人民政府农业行政主管部门提出登记申请，并提交下列申请材料。

（1）登记申请书。

（2）申请人资质证明。

（3）产品典型特征特性描述和相应产品品质鉴定报告。

（4）产地环境条件、生产技术规范和产品质量安全技术规范。

（5）地域范围确定性文件和生产地域分布图。

（6）产品实物样品或者样品图片。

（7）其他必要的说明性或者证明性材料。

2. 申请条件

凡申请地理标志登记的农产品，必须符合下列条件。

（1）称谓由地理区域名称和农产品通用名称构成。

（2）产品有独特的品质特性或者特定的生产方式。

（3）产品品质和特色主要取决于独特的自然生态环境和人文历史因素。

（4）产品有限定的生产区域范围。

（5）产地环境、产品质量符合国家强制性技术规范要求。

省级人民政府农业行政主管部门自受理农产品地理标志登记申请之日起，应当在45个工作日内完成申请材料的初审和现场核查，并提出初审意见。符合条件的，将申请材料和初审意见报送农业农村部农产品质量安全中心；不符合条件的，应当在提出初审意见之日起10个工作日内将相关意见和建议通知申请人。

农业农村部农产品质量安全中心应当自收到申请材料和初审意见之日开始20个工作日内，对申请材料进行审查，提出审查意见，并组织专家评审。专家评审工作由农产品地理标志登记评审委员会承担，独立作出评审结论，并对评审结论负责。经专家评审通过的，由农业农村部农产品质量安全中心代表农业农村部对社会公示。

（三）农产品地理标志使用

《农产品地理标志管理办法》第十五条规定：符合下列条件的单位和个人，可以向登记证书持有人申请使用农产品地理标志。

（1）生产经营的农产品产自登记确定的地域范围。

（2）已取得登记农产品相关的生产经营资质。

（3）能够严格按照规定的质量技术规范组织开展生产经营活动。

（4）具有地理标志农产品市场开发经营能力。

【案例】

2019年3月15日，一年一度的“315”晚会落下帷幕。这次“315”晚会一个鲜明的特征就是，几十年来不被重视的鸡蛋产品第一次被曝光。而且是当前少有的鸡蛋行业的领先品牌。选择的曝光点则是“土鸡蛋”的虚假宣传，并不是蛋品的品质，养殖的健康等本质上的警示。

“315”晚会对于大多数人，都在这里等待曝光的信息，寻找自己消费的盲区。笔者看“315”晚会不一样，每年都会看，笔者认为“315”作为全国权威性最高的媒体，每年的案例选择必然是带有社会指导性和决策层的方向性，因此，笔者更愿意从“315”晚会来看一些行业的风向，一些政策的趋势，从而来指导日常的品牌战略工作。“315”对土鸡蛋的曝光，预示农产品品质问题从国家层面开始重视。

农产品品质问题长久以来并没有得到关注，即使是过去十几年来不断涌现的食品健康问题，每次食品问题的出现，采取的措施也只是针对出现的问题，出现的企业进行处罚，基本没有出现主导性的直接介入食品品质问题的事情发生。单就鸡蛋来说，过去出现过苏丹红鸡蛋，出现过抗生素鸡蛋，都没有带来大规模的行业整治。而本次找到的切入点是蛋品品牌的宣传问题，显现出在蛋品品牌化过程中，品牌的合理性、正当性受到了重视。

本次土鸡蛋的曝光，不仅是局限在宣传领域和品牌塑造的表象环节，是中国农产品品质和质量正式纳入监管和治理的开始。这次曝光的是鸡蛋，笔者相信鸡蛋只是一个引子，蔬菜、水果、肉类、蛋类所有的农产品都将越来越要求高品质。媒体曝光的压力，市场抽检的压力，环保的直接治理，综合措施的发力表明：对于习惯了投机取巧，心怀侥幸心理的，依托在旧有模式生产上的农产品企业经营者，消费者的健康与安全问题，农产品的品质问题将作为头号行业大事，应该引起所有生产和经营主体的关注。否则，不仅面临处罚，重要的是市场难以接受，销售没有出路，最终走向灭亡。“315”对鸡蛋的曝光，预示着农产品正式从增量时代开始走向存量竞争时代。

第五章　人力资源管理

第一节　人力资源管理概述

人力资源被看做是生产活动中最活跃的因素，也是一切资源中最重要的资源。一般认为，人力资源是指能够推动社会发展和经济运转的、与当前和未来发展相适应的、具有智力劳动能力和体力劳动能力的人的总和，是第一资源，由数量和质量两个方面构成。

人力资源的数量是指一个国家或地区拥有的有劳动能力的人口资源，具体反映为由就业、求业和失业人口所组成的现实人力资源，具体又由以下八大部分构成：适龄就业人口、未成年就业人口、老年就业人口、求业人口、就学人口、家务劳动人口、服役人口、其他人口。前四部分是现实的社会劳动力供给，是直接的、已经开发的人力资源；后四部分是间接的、尚未开发的、处于潜在形态的人力资源。

人力资源质量是指人力资源所具有的体质、智力、品质、心理素质、知识和技能水平，以及劳动者的劳动态度，一般体现在劳动者的体质、文化、专业技术水平及劳动积极性上。人力资源的质量是反映人力资源为社会创造物质财富和精神财富的程度大小的关联指标，高质量的人力资源是现代科学技术发展及企业发展的首要需求。

人力资源的数量反映了具备劳动能力的人的数量，人力资源

的质量则反映了人发挥、控制创造性和能动性的程度。从某种意义上来讲，人力资源质量的重要性更强，它对人力资源的数量具有较强的替代性，而数量对质量的替代作用较差，甚至不能替代。

一、人力资源管理的内涵

人力资源管理，是指根据组织的战略目标制订相应的人力资源战略规划，并为组织的战略目标和组织的人力资源战略规划进行人力资源的获取、使用、培训、保持、开发、绩效评估和激励以及劳资关系建立的过程。它是研究组织中人与人之间关系的调整、人与事的配合，以充分开发人力资源潜能，调动人的积极性，提高工作效率，改进工作质量，实现组织目标的理论、方法、工具和技术。

人力资源管理的核心是以人为本，重视人的福利、个人特点、感情，采用个性化管理的人力资源管理方式。

从管理的范围来讲人力资源管理分为宏观和微观两个层次。宏观的人力资源管理是指一个国家或地区的人力资源的管理工作，以及对一个国家的人力资源的形成、开发和利用的管理。如我国的计划生育和人口规划管理、教育规划管理、职业定向指导、职业技术培训、人力资源的宏观就业与调配、劳动与社会保障等就是进行宏观人力资源管理的具体体现。

微观的人力资源管理是指一个组织对其所拥有的人力资源进行的具体的管理工作。通常所说的人力资源管理主要是指微观的人力资源管理。本教材主要围绕微观人力资源管理展开论述。

二、人力资源管理的基本职能

人力资源管理的基本职能主要体现在获取、激励、开发、维持和调控 5 个方面。

人力资源的获取主要包括人力资源规划、工作分析、招聘与录用。要实现组织目标，必备条件之一就是具有适宜的人力资源，因此，人力资源管理部门必须通过分析预测企业内外部环境条件，制订人力资源规划，根据规划进行员工招聘、甄选，录用符合企业需要的员工，并为其安排合适的岗位。

激励是指让员工在现有的工作岗位上不断创造出更加优良的绩效，具体包括薪酬设计、安全和健康、职业生涯设计、绩效考核等。

开发主要是让员工保持能够满足当前及未来工作需要的知识和技能，具体包括员工培训、职业生涯设计等。

维持是留得住已经加入本企业的员工。

调控是对员工实施合理、公平的动态管理的过程，通过调控对组织的人力资源进行合理再配置，帮助员工提高工作效率，寻找到与员工需要和能力相匹配的发展路径。

在企业实践中，人力资源管理的5个职能通常概括为“选、育、用、留”4个字。“选”相当于获取职能，“育”相当于开发职能，“用”相当于激励职能，“留”相当于维持职能和调控职能。

三、人力资源管理的基本任务

人力资源管理的基本任务就是根据组织发展战略的要求，通过有计划地对人力资源进行合理配置，搞好组织内员工的培训和人力资源的开发，采取各种措施激发员工的积极性，充分发挥他们的潜能，做到人尽其才、才尽其用，更好地促进生产效率、工作效率和社会经济效益的提高，进而推动整个组织各项工作的顺利开展，以确保组织战略目标的早日实现。

具体地讲，人力资源管理的任务主要有以下几个方面。

(1) 通过规划、组织、调整、招聘等方式，保证一定数量

和质量的劳动力和各种专业人才加入和配置到生产经营活动中，满足组织发展的需要。

（2）通过各种方式与途径，有计划地加强对现有员工的培训，不断提高员工的文化知识和技术业务水平。

（3）结合每一个员工的具体职业发展目标，搞好对员工的选拔、使用、考核和奖惩工作，做到及时发现人才、合理使用人才和充分发挥人才的作用。

（4）采取各种措施，包括思想教育、合理安排劳动和工作、关心员工的生活和物质利益等，激发员工的工作积极性。

（5）根据现代企业制度的要求，做好工资、福利、安全与健康等工作，协调劳资关系。

四、人力资源管理的主要内容

就一个农业企业来说，人力资源管理的内容主要包括工作分析、人力资源规划、员工的招聘与选拔、使用、薪酬福利管理、培训和开发以及劳动关系的处理、文化建设等，如图 5-1 所示。

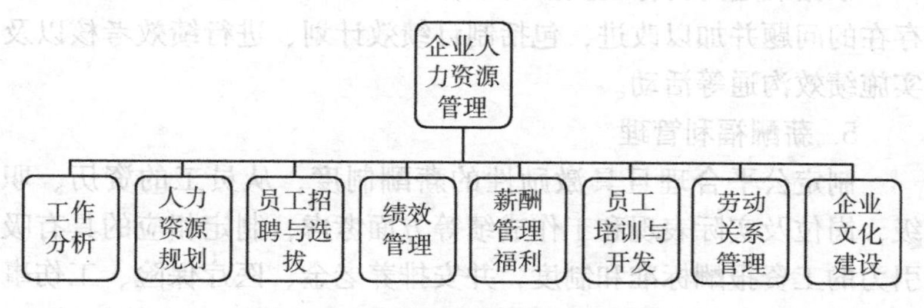

图 5-1　人力资源管理的主要内容

1. 工作分析

为了实现企业的战略目标，人力资源管理部门要根据企业结构确定各职务说明与员工素质要求，并结合企业、员工及工作的要求，为员工设计激励性的工作。工作分析是收集、分析和整理关于工作信息的一个系统性程序。工作分析的结果被用来规划和协调几乎所有的人力资源活动，如决定员工的挑选标准、制订培训方案、确定绩效评估标准等。

2. 人力资源规划

根据企业的发展战略和经营计划，收集和分析人力资源供给和需求方面的信息和资料；利用科学的方法预估人力资源供给和需求的发展趋势，制订人力资源招聘、调配、培训及发展计划等必要的政策和措施，以便人力资源的供求得到平衡，保证企业目标的实现。关注长远和整体的人力资源规划，从战略的高度对企业进行系统的人力资源规划，成为现代企业管理的迫切要求。

3. 员工招聘与选拔

招聘是通过制订招聘计划、选择招聘方式等吸引足够数量的人到企业中工作的过程；选拔是企业从申请人中录取最适合企业及其招聘岗位的人员的过程。

4. 绩效管理

根据既定的目标对员工的工作结果作出评价，发现其工作中存在的问题并加以改进，包括制订绩效计划、进行绩效考核以及实施绩效沟通等活动。

5. 薪酬福利管理

制定公平合理且具激励性的薪酬制度，从员工的资历、职级、岗位及实际表现和工作成绩等方面考虑，制定相应的具有吸引力的工资报酬标准和制度，并安排养老金、医疗保险、工伤事故、节假日等福利项目，使企业在保持一定人力成本的基础上，能够吸引优秀人才加入，并保持稳定性。

6. 员工培训与开发

根据不同员工的技术水平和素质差异采用不同的训练方式和训练内容，给他们提供完成任务所需要的知识、技术、能力和工

作态度等培训，进一步开发员工的潜能，帮助他们胜任现任工作和将来的职务。培训与开发的主要目的在于通过提高员工们的知识与技能水平去改进企业的绩效。同时，帮助员工设计职业发展计划及制订个人发展计划，以提高员工素质，并使其与组织的发展目标相协调。

7. 劳动关系管理

按照国家有关劳动就业的法律、法规来处理人力资源管理过程中的劳资关系、劳动关系，解决各种劳动纠纷，维护劳动者和企业的合法权益。

8. 企业文化建设

企业文化建设是人力资源管理的一部分，越来越多的组织开始认识到企业文化的作用。

从图 5-1 可看出，企业的人力资源管理，首先要进行工作分析，根据工作分析，制订企业的人力资源规划；其次在人力资源规划的指导下，招聘并且配置员工；在配置员工、利用人力资源的过程中，企业必须注意规划员工的职业生涯发展，并且把员工的职业生涯发展与组织的发展相匹配，形成互为动力的综合发展途径。当企业的人力资源管理工作进行到一定的阶段，就必须对多层次员工的工作绩效进行评估考核，纠正他们工作中的失误，肯定他们工作中的成绩，并就员工下一阶段的工作达成上下级的共识，以便员工形成下一轮的工作计划。在绩效考核以后，要对员工进行激励。对于绩效考核中表现出来的具有这种或那种缺陷的员工，企业要进行培训，帮助他们提高知识水平，增进技能，使他们在今后的生产经营活动中能适应企业发展的需要。之后，根据人力资源系统的整个运作情况，企业要修正或者重新制订自身的人力资源发展战略和人力资源计划，为下一阶段的人力资源管理活动再次奠定基础。

关于人力资源管理的内容，本章将仅就其中的几个基本内容进行阐述而不全部详解，余者由学习者自行补充拓展。

五、人力资源管理的意义

实践证明，重视和加强人力资源管理，对于促进生产经营的发展、提高劳动生产率、保证企业获得最大的经济效益具有重要的意义。科学的人力资源管理，有利于促进生产经营顺利进行，有利于调动企业员工的积极性，有利于现代企业制度的建立，有利于提高经济效益。

六、人力资源管理的发展趋势

21 世纪是全球化、信息化、网络化的世纪，是知识主宰世界的世纪，人及人的知识、智力制约社会经济的发展将达到前所未有的重要程度。在此大背景下，各企业的人力资源管理也发生了相应的变化，形成新的发展趋势。主要表现为：人力资源管理与企业战略规划的一体化，管理重心转向对知识型员工的管理，跨文化人力资源管理的趋势，开发与管理人本化趋势，人力资源管理的全球化、信息化，建立学习型组织的趋势正进一步得到加强，职业化是人力资源管理的核心任务。

第二节　工作分析

工作分析是人力资源管理的一项基础工作，通过工作分析，合理设计岗位，明确工作职责，为人员招聘录用、薪酬发放、绩效管理等其他人力资源管理活动提供依据。因此，了解工作分析的重要意义和真正内涵是做好人力资源管理工作的前提。

一、工作分析概述

人力资源管理是为完成组织目标而对组织内员工所进行的管

理，它必须以员工所承担或从事的工作为前提。要使人力资源管理更有效，基本前提是准确清晰地描述每一项工作的内容，完整明确地说明工作岗位的职责，并对完成工作所需的人力资源提出具体的要求，这些活动过程就是工作分析。

工作分析又称职务分析，是通过对工作信息的收集与开发，来确定完成组织任务所需承担的职责和所应具备的技能，继而对工作进行描述和规范的系统工程。即按照工作内在的本质要求，来确定完成各项工作所需的任务、职责、技能和知识。

工作分析一旦完成，其结果是形成工作描述和工作规范。其中，工作描述又称为工作说明，或岗位说明、职位说明。它是以书面形式来说明工作的内容，以及工作中所使用的设备和工作条件等相关信息，主要包括工作名称、工作条件、工作环境、工作任务和工作职责等，说明了工作的构成与要求。而工作规范又称资格说明书或任职资格，它是对承担该工作的员工必备的基本素质和条件的书面说明，主要包括完成工作所需的知识、技能、经验以及其他身体和个人特性等。

工作分析的主体是工作分析者，一般由人力资源管理部门人员构成，客体是整个组织内的所有工作。

二、工作分析的目的和意义

（一）工作分析的目的

工作分析是人力资源管理的基础工作，是对工作的一个全面评价过程，其主要目的包括以下几个方面。

（1）厘清工作职责、职权，优化组织架构及业务流程。

（2）为组织确定人力资源需求、制订人力资源计划提供依据。

（3）确认岗位任职资格，确定员工录用与上岗的最低条件。

（4）获取岗位绩效指标和参照标准，以利于工作监督、考核及员工晋升。

(5) 确定工作职责与要求，以便进行人力资源培训与开发。

(6) 获得有关工作环境的实际情况，以利于改善工作条件，提高员工工作效率。

(7) 通过工作分析与评价，进行员工职业生涯管理。

(8) 规范工作用语。

(二) 工作分析的意义

工作分析为人力资源管理提供基本的数据资料，被公认为是人力资源管理最基本的工具。工作分析是人力资源管理科学化的重要基础，也是实现人力资源管理目的的重要手段。通过工作分析，有利于组织管理的科学化、系统化、制度化。因此，工作分析对现代组织人力资源管理具有非常重要的作用，它有利于人力资源规划、人员招聘录用、人力资源开发、绩效考核，有助于确定薪酬等级。

三、工作分析的程序

工作分析是对企业所有的工作进行全面评价的过程，必须统筹规划，分阶段、分步骤地进行。一般分为 4 个阶段：准备阶段、调查阶段、分析阶段、完成阶段。详情如图 5-2 所示。

(一) 准备阶段

这一阶段，需要完成以下任务。

1. 确定工作分析的目的

在准备阶段首先要明确收集资料到底是要用来干什么的，要解决什么问题。因为工作分析的目的不同，所要收集信息的侧重点和内容会有差异，收集信息所使用的方法和技术也会不同。

2. 成立工作分析小组并培训人员

为了保证工作分析工作的顺利进行，在准备阶段还要成立专门的工作分析小组，并选择完成工作分析的人员。小组的成员一

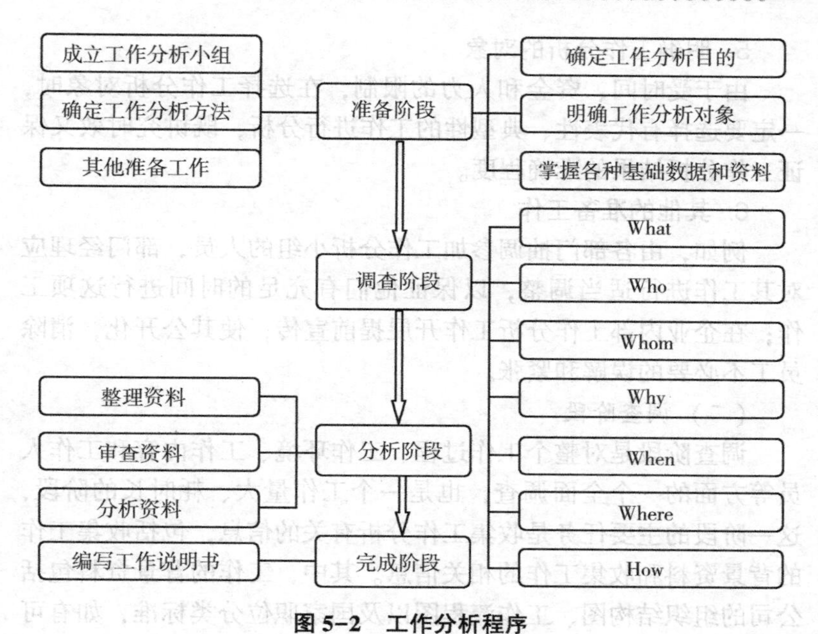

图 5–2　工作分析程序

般由以下 3 类成员组成：一是企业的高层领导；二是工作分析人员；三是有丰富经验和专门技术的外部专家和顾问。

3. 确定工作分析方法

根据企业进行工作分析的实际情况，确定工作分析的方法。一般应综合考虑工作分析方法与工作分析目的是否相符，成本是否可行，以及是否适用等方面，以使组织内人、财、物及时间能最有效利用。

4. 掌握各种基础的数据和资料

为了保证工作分析的目的、总任务，对企业各类职位的现状进行初步了解，掌握各种基础数据和资料。还应该注意工作分析的目的与工作分析过程中所要调查、搜集的信息内容应是密切相关的。

5. 明确工作分析的对象

由于受时间、资金和人力的限制，在选择工作分析对象时，一定要选择有代表性、典型性的工作进行分析，既讲究时效又保证工作分析结果的准确程度。

6. 其他的准备工作

例如，由各部门抽调参加工作分析小组的人员，部门经理应对其工作进行适当调整，以保证他们有充足的时间进行这项工作；在企业内部工作分析工作开展提前宣传，使其公开化，消除员工不必要的误解和紧张。

（二）调查阶段

调查阶段是对整个工作过程、工作环境、工作内容和工作人员等方面的一个全面调查，也是一个工作量大、耗时长的阶段，这一阶段的主要任务是收集工作分析有关的信息，包括收集工作的背景资料和收集工作的相关信息。其中，工作的背景资料包括公司的组织结构图、工作流程图以及国家职位分类标准，如有可能的话，还应该找来以前保留的工作分析资料。

（三）分析阶段

这一阶段的主要任务是对收集来的与工作分析相关的信息进行统计、分析、研究、归类，以及获得各种规范化的信息，并最终形成格式统一的工作说明书。

1. 整理资料

将收集到的信息按照工作说明书的各项要求进行归类整理，查看是否有遗漏的项目，如果有的话要返回到上一个步骤，继续进行调查和收集。在整理资料的同时，也要剔除那些无关信息，为工作分析做好准备。

2. 审查资料

资料进行归类整理以后，工作分析小组成员要对所获得的资料的准确性进行审查，如有疑问，就需要找相关的人员进行核

实，或者返回到上一个步骤，重新进行调查。

3. 分析资料

在确认收集的资料没有遗漏，也没有错误的情况下，接下来的工作就可以对这些资料进行深入的分析，以揭示出各个职位的主要成分和关键因素。这一过程是工作分析过程中的关键步骤，要按工作分析准备阶段所确定的方法对各类信息进行认真分析、归纳与描述。分析时主要完成对工作名称的分析、对工作描述的分析、对工作环境的分析、对任职资格的分析。分析的过程中，要注意以下几个原则：一是对工作活动是重分析，而不是罗列；二是分析的对象是职位而不是人；三是要以当前的工作为依据。

（四）完成阶段

本阶段是工作分析的最后阶段，主要完成工作说明书的编写工作。广义的工作说明书主要包括工作描述和工作规范两部分内容。

其中，工作描述是说明工作的内容，以及工作中所使用的设备和工作条件等相关信息的一种书面说明文件，主要涉及任职者实际应做什么，如何做以及在什么条件下做。而工作规范即通常所说的任职者资格，它指出了任职者为了完成工作所必备的知识、能力和技术等要求。以超市收银员的工作说明书为例，某超市为了更好地招聘、甄选和任用收银员，以及为员工培训开发、绩效考核提供客观依据，对收银员工作进行了1次工作分析，并最终形成了工作说明书。

编写完成工作说明书后，需要将工作分析的结果运用到人力资源管理的各项工作中，以发挥工作分析的作用，否则，就是对资源的浪费。

四、工作分析的方法

工作分析内容确定之后，应该选择适当的工作分析方法。工作分析方法可按照不同的标准进行划分。按照功用分，有基本方法和非基本方法；按照分析内容和确定程度划分，有结构性和非结构性分析方法；按照分析对象划分为任务分析与人员分析方法；按照基本方式划分为观察法、写实分析法和调查法等；按照结果可量化程度划分为定性和定量两类方法。在实践中，各种方法各有特点，工作分析人员应灵活选择，也可以将几种方法结合起来使用。以下将介绍几种简单而常用的工作分析方法。

（一）访谈法

访谈法是指工作分析者以个别谈话或小组访谈方式开展面谈，就某一个职务或工作面对面地询问任职者、主管、专家等人的意见和看法，从而获取信息资料的一种工作分析方法，它是目前应用最为广泛的工作分析方法之一。

1. 访谈法大致可以分 3 个类型

（1）个别员工访谈法。主要适用于各员工的工作存在明显差异，工作分析时间又比较充裕的情况。

（2）群体访谈法。适用于多个员工从事同样或相近的工作的情况。使用群体访谈法时，必须邀请这些工作承担者的上级主管人员在场或事后向主管人员征求对收集信息的看法。

（3）主管人员访谈法。指与一个或多个主管面谈，因为他们对工作非常了解，这有助于缩短工作分析的时间。

访谈法的主要内容包括：工作目标、工作内容、工作的性质和范围、所负责任、所需要的知识与技能等。为了保证访谈的效果，在访谈前一般都要准备一个大致的提纲，列出需要提问的主要问题。

从访谈中，可以得到有关工作的以下信息：企业设置该职位的理由，对该职位提供报酬的根据，该职位最终工作成果以及如何评价，该职位的主要工作职责以及任职条件等。在访谈的过程中，工作分析人员应该做好准确及时的记录。

2. 运用访谈法时要注意以下几个方面

（1）由于实践中采用全员访谈的可能性较小，所以，要对重点访谈对象的访谈要有计划、分层次地进行。

（2）访谈要取得访谈对象的配合，向对方说明访谈的目的和程序，保持访谈气氛的融洽。

（3）最好是进行结构化的访谈，因此，要提前制订访谈提纲，以便统计整理。

（4）访谈时间的选择要合理，一是尽量不要干扰访谈对象的正常工作；二是每次访谈最好不要超过 2 个小时。

（5）访谈者的提问与表达要保持中立，不要介入和引导被访者的观点。

（6）访谈结束后，将收集到的材料请任职者和他的直接上司仔细阅读一遍，以便做修改和补充。

（二）问卷法

问卷法是以问卷的形式，让有关人员回答有关工作与职位的问题，从而获取信息的工作分析方法。这种方法也是目前最通用的工作分析方法，可广泛适用于各部门岗位。问卷内容通常是由工作分析人员编制的问题或陈述，这些问题和陈述涉及实际的行为和心理素质，要求被调查者对这些行为和心理素质在他们工作中的重要性和频次按给定的方法作答。运用问卷法，其效果关键取决于问卷本身的设计是否科学合理，同时，受到被调查者文化水平的高低，以及他们填写问卷时的诚意、态度等因素影响。因此，科学合理地设计与编制问卷是做好问卷法的第一步。

对于调查问卷设计常采用两种类型：一种是开放式调查问卷；另一种是封闭式调查问卷。在开放式调查问卷中，任职者可自由回答所提到的问题，不受问卷本身所给选项或范围的限制，如“请给出你对这份工作的评价”。而在封闭式调查问卷中，往往会列出相应的任务或行为，让任职者根据实际工作情况，从所列答案中选择最合适的答案，如“你的手头工作是否经常被打断”，答案有“没有”“很少”“偶尔”“许多”“非常频繁”。

（三）观察法

这种方法就是由工作分析人员直接观察所需分析的工作，记录某一时期该职位工作的内容、形式、过程和方法，并在此基础上进行分析的方法。观察法是最为简单的一种方法，有公开性观察与隐蔽性观察两种方法。它的优点是工作分析人员通过对工作过程的观察能够比较全面、深入地了解工作的要求和内容，可以了解工作中所使用的工具设备、工作程序、工作环境等内容。但是这种方法通常只适用于那些工作内容主要是由身体活动来完成、重复性较大、重复期较短且标准化程度较高的工作，如装配线工人、保安人员；不适用于脑力劳动成分较高的工作、处理紧急情况的工作、没有时间规律的工作，如律师、教师、急救站的医生等。

使用观察法时，首先，要注意工作样本选择的代表性，因为有些行为可能在观察过程中未能表现出来；其次，观察者在观察时，要注意不要干扰员工的活动，尽量不要使其分心，以免影响工作的正常进行，同时，也影响观察结果的准确性；如果有可能，应有几个观察者在不同的时间进行观察，以尽量消除观察结果的偏差。除此之外，在使用观察法之前应当事先对该工作有所了解，也可以事先拟好观察项目表。

观察的结果一般以标准格式记录，通常采用写实法，即按工作的时间先后顺序，对工作内容和过程如实记录。记录的时间可长可短，对复杂的工作、隐蔽性较强的工作体系可连续记录多天。

（四）工作日志法

工作日志法就是由职位的任职者本人按照时间顺序记录工作过程，然后经过归纳提炼取得工作分析所需资料的一种方法。工

作日志可以很详细地记录任职者的活动，一般以表格形式记录。通常工作日志主要由两方面的信息构成。

（1）基本情况，包括记录日志的起止时间、记录者姓名、所在部门、所在岗位、直接上级等。

（2）工作日志的内容，包括工作活动名称、工作活动内容、工作活动结果、时间消耗、工作地点、工作关系等。在现实中，这种方法多用于确定工作职责、工作关系以及劳动强度等方面的信息，不适用于需要进行大量训练和危险性的工作。

（五）工作实践法

顾名思义，这种方法就是指由工作分析人员亲自参与、从事所需研究的工作，以收集相关信息来实现工作分析目的的方法。这种方法的优点在于能够获得第一手资料，可以准确地了解工作的实际过程，以及在体力、知识、经验等方面对任职者的要求。但是这种方法适用范围狭窄，一般只适用于短期内可以掌握的工作或者工作内容比较简单的工作，如餐厅服务员；不适用于需要进行大量训练和危险的工作。

工作实践法的操作流程。

（1）准备阶段。在工作实践之前，阅读相关资料，如《员工操作手册》《岗位职责说明》、工作计划等；与上级主管沟通，做好工作实践的具体安排；向员工说明工作分析的目的意义，以最大限度获得员工的理解和支持。

（2）实践阶段。在参与工作的同时，仔细观察工作流程并进行记录，有疑问的地方及时与员工或上级主管沟通。

（3）结束阶段。工作实践结束后，分析整理所收集的信息，并与事先收集的相关资料核对，确定该工作的实际流程和相应的工作职责。

除了上述几种定性的工作分析方法外，为了收集到更加量化客观的信息，在工作实践中又发展出来一些新的工作分析方法，这类方法主要是一些量化的方法，主要包括职位分析问卷法、功能性工作分析法、弗莱希曼工作分析系统法、关键事件法、工作分析计划表法等。

第三节 员工招聘与选拔

招聘与选拔员工是制约企业人力资源管理工作效率的瓶颈所在。如何根据企业经营目标与业务要求，在人力资源规划的指导下，把优秀的人才、所需要的人力资源在合适的时候放在合适的岗位，是企业经营成败的关键因素之一。

一、员工招聘选拔的含义与作用

（一）员工招聘与选拔的含义及内容

1. 员工招聘与选拔的含义

员工招聘与选拔是组织寻找、吸引那些有能力又有兴趣到本组织任职，并从中选出适宜人员予以录用的过程。

2. 员工招聘与选拔的内容

招聘与选拔主要包括招募、选拔、录用和评估4个方面的工作内容。

（1）招募。招募是组织发布招聘信息，吸引求职者并建立求职者“蓄水池”的过程，主要包括招聘计划的制订与审批、招聘渠道的选取、招聘信息的设计与发布以及组织应聘申请者。

（2）选拔。选拔是从职位申请者中筛选那些符合组织需要人员的过程，也就是组织申请者作出分析考察的过程，包括审查、初选、测试、体验、背景调查等内容。

（3）录用。录用阶段主要包括上岗引导、新员工访查等工作内容。

（4）评估。一是对招聘结果的成效进行评估，如成本与效

益评估、录用员工数量与质量评估；二是对招聘方法的成效进行评估，如对所采取的选拔方法的信度与效度加以评估。

（二）员工招聘与选拔的作用

概括起来说，员工招聘与选拔的作用主要表现为：招聘与选拔是企业获取人力资源的重要手段，招聘与选拔是整个企业人力资源管理工作的重要基础之一，招聘与选拔是企业人力资源投资的重要形式，招聘与选拔能够提高企业的声誉，招聘与选拔能够提高员工的士气。

二、员工招聘的影响因素

由于招聘是在一定的环境中进行的，招聘是否有效，会受到各种因素的影响。在招聘中，只有充分利用正面的影响因素，抑制负面影响因素，才能获得成功。

1. 影响招聘工作的外部因素

影响企业招聘与录用工作的外部因素有很多，概括起来可以分为两类：一类为经济因素；另一类为法律和政策因素。经济因素具体又包括人口和劳动力因素、劳动力市场条件因素以及产品和服务市场条件因素。法律和政府政策因素主要指劳动就业法规和社会保障法以及国家的就业政策等内容。

2. 影响招聘工作的内部因素

来自组织内部的组织战略、组织文化、组织的发展阶段、组织的管理水平等因素也会影响到组织的员工招聘工作。

组织战略是影响人力资源需求的重要因素，战略一旦制定，组织未来的人力资源需求与配置就有了方向和目标。组织文化会影响招聘人员的态度和行为方式，影响招聘方式的选择。组织所处的发展阶段也是影响人力资源需求及招聘选拔的重要因素，例如，发展良好的企业其招聘规模比处于成熟阶段或衰退阶段的企业规模要大。组织的管理水平高，组织可以充分利用现有人员，对高水平的管理人员的需求也就大。

3. 应聘者个人资格和偏好

应聘者个人资格和偏好是人力资源自身的因素。一个企业已雇用的人员决定着其企业文化，同时现存的企业文化又对新雇员产生着影响。所以，在招聘过程中企业文化与个人偏好的切合度，决定着一个应聘者求职的成功与否。同时求职者个人在智力、体力、经验、能力等方面都有着差别，这些差别也影响着招聘活动的开展和招聘的结果。

三、员工招聘的原则

人力资源招聘并不只是企业内部自己的事情，而是一项经济性、社会性、政策性很强的工作。在招聘工作中必须遵循以下几条原则。

1. 合法性原则

招聘工作应严格遵守国家相关法律和法规的规定，不得违背法律法规要求。《中华人民共和国宪法》和《中华人民共和国劳动法》都在保障劳动者就业方面作出了相关规定。组织在制订招聘计划时，必须保证其招聘条件或招聘过程的合法性。

2. 效率优先原则

效率优先是市场经济的基本要求和特征，人力资源招聘工作也不例外。招聘过程中要灵活选用适当的招聘选拔形式和方法，讲究效率、减少招聘费用就等于减少经营成本、增加企业利润。

3. 双向选择原则

双向选择原则是目前市场上人力资源配置的基本原则。一方面，用人单位根据自身发展的需要自主选择人员，同时，劳动者又可根据自身的能力和意愿，结合市场劳动力供求状况自主选择职业，即单位自主择人，受雇者自主择业。

4. 公开原则

招聘组织应把招聘信息、招聘流程和招聘方法公之于众，公开组织招聘活动。一方面给予社会人才以公平竞争的机会，达到广纳人才的目的；另一方面使招聘工作置于社会的公开监督之下，防止不正之风。

5. 公平竞争原则

在企业招聘过程中，应对所有应试者一视同仁，不得人为制造各种不平等的限制或条件，努力提供平等竞争的机会，不拘一格地选拔、录用各方面的优秀人才。

6. 全面原则

全面原则指对应聘人员从品德、知识、能力、智力、心理、过去工作的经验和业绩等方面进行全面考试、考核和考察，以利于企业招到最适合的人选。

7. 能级对应原则

人的能量有大小，本领有高低，工作有难易，要求有区别。招聘工作，不一定要招到最优秀的人，而应是量才录用，做到人尽其才、用其所长、职得其人，这样才能持久、高效地发挥人力资源的作用。因此，在招聘中要遵循能级对应的原则，即能力要求和职位相匹配。

四、招聘的渠道与方法

根据招聘对象的来源和途径，可分为内部招聘与外部招聘两种，各自所采用的方法也不尽相同。

（一）内部招聘的来源与方法

内部招聘就是从组织内部现有的员工中选拔合适的人才来补充空缺或新增的职位，实际上是组织内部的一种人力资源调整。在进行人员招聘过程中，组织内部调整应该先于组织外部招聘，尤其对于高级职位的人员招聘工作更应该如此。

1. 内部招聘适用的条件

内部招聘有其自身的特殊性，因此，组织要根据自身的实际情况和岗位的实际需要来决定是否采取内部招聘。

一般来说，组织内部招聘要具备以下几个条件：组织内有充足的人力资源储备，内部人员的质量能够满足组织发展的需要，要有完善的内部选拔机制。

2. 内部招聘的主要途径

（1）工作调换。工作调换也称“平调”。它是指职务级别不发生变化，工作的岗位发生变化，一般用于中层管理人员。

（2）工作轮换。一般用于一般员工，它既可以使有潜力的员工在各方面积累经验，为晋升作准备，又可减少员工因长期从事某项工作而产生的枯燥、无聊和懈怠。

（3）提升。指从内部提拔一些合适人员来填补职位空缺，它是一种省时、省力、省费用的方法。

（4）内部人员重新聘用。当组织的经营效果不好时，会暂时让部分员工下岗，而当情况好转时，再重新聘用那些下岗员工，这是一种经济有效的方法。

3. 内部招聘的方法

常用的内部招聘方法有布告法、推荐法、档案法。

（二）外部招聘的来源与方法

外部招聘是指根据一定的标准和程序，从企业外部的众多人员中选拔符合空缺职位工作要求的人员。

1. 外部招聘的条件

组织希望获取内部员工不具备的技术、技能等；组织出现职位空缺，内部员工数量不足，需要尽快补充；组织需要能够提供新思想、新观念的创新型员工；组织为了建立自己的人才库；和竞争对手竞争一些特殊性、战略性人才。

2. 外部招聘的来源

外部招聘的人员来源较多，如熟人介绍、主动上门求职、职业介绍所介绍、学校推荐等，他们可能是学校的毕业生、其他企业的员工，也可能是失业人员。

3. 外部招聘的方法

常用的外部招聘方法有广告招聘、就业服务机构招聘、校园招聘、员工推荐与申请人自荐、网络招聘等。

五、员工的招聘过程

一般地，员工招聘的基本程序包括制订招聘计划、实施招聘计划和招聘效果评估3个步骤。

1. 制订招聘计划

招聘第一步是制订招聘计划，具体就是用人部门根据部门的发展需要，根据人力资源规划的人力净需求和工作说明的具体要求，对招聘的岗位、人员数量、时间等限制性因素作出详细的计划。

2. 实施招聘计划

在实施招聘计划时，主要是完成发布招聘信息、对应聘者的申请与简历进行筛选、选拔评价、讨论并作出初步录用决策、入职体检、签订劳动合同这几项工作。

3. 招聘效果评估

招聘工作的最后一个环节就是对招聘的效果进行评估，通过评估可以帮助企业发现招聘过程中存在的问题，对招聘的各个阶段进行优化，以便提高以后招聘的效果。

六、员工的选拔

人力资源选拔是指从对应聘者的资格审查开始，经过用人单位与人力资源部门共同的初选、面试、考试、体检、个人资料核实到人员筛选的过程，它是招聘工作中最关键的环节，也是技术性最强的一步，所以，其难度也最大。

1. 员工选拔的内容

员工选拔的内容非常广泛、丰富，既有针对个体的测评内容，也有针对团体和整个组织测评的内容。针对个体的测评主要包括智力、能力、经历、个性等基本内容。

2. 员工选拔方法

选拔员工比较常用的方法有资格审查与初选、笔试、面试、心理测试、情景模拟测试等方法。

第四节　绩效管理

一、绩效管理概述

（一）绩效的内涵与性质

1. 绩效的内涵

绩效是某一特定组织中各个体或群体的工作行为和行动表现以及直接的劳动成果和最终效益的统一体。绩效的优劣取决于诸多因素，受到多种主客观因素的制约和影响。

2. 绩效的性质

（1）多因性。绩效的好坏不是由单一因素决定的，要受许多主客观因素的影响，归纳起来主要是受能力、激励、机会和环境这 4 个因素的影响，这就是绩效的多因性。

（2）多维性。多维性是指一个员工的工作绩效要从多方面考察，不能只看一个方面。例如对一个生产工人，不仅考察其工作的数量，还要考察其工作的质量、原材料消耗、工具损耗、出勤状况、与别人的协作关系等。因此，对员工的绩效进行考查，需要多种维度进行，才能作出全面客观的评论。

(3) 动态性。动态性是从时间上来说的，基于绩效的多因性，员工的绩效会随着时间的推移而变得更好或更差。因此，要用发展的眼光来考查员工的绩效，从激发员工的积极性着眼进行绩效考评工作。

(二) 绩效管理及其功能

1. 绩效管理的概念

绩效管理是企业为实现发展战略和目标，采用科学方法，通过对员工个人或群体的行为表现、劳动态度、工作业绩、综合素质进行全面的监测、考核、分析和评价，充分调动员工的主动性、积极性和创造性，不断改善员工和企业的行为，提高员工和企业的素质，挖掘其潜力的活动过程。

2. 绩效管理的功能

对企业而言，通过实施绩效管理，对组织进行诊断分析，为组织变革和组织发展提供重要的依据，发挥诊断功能。通过有效的绩效管理体系的运行，可以显示出组织中各层级人员及组织硬件、软件各方面的实际运行情况，发挥监测功能。积极主动的绩效沟通和面谈，有利于激励、诱导组织成员朝着一个共同目标努力，进而发挥绩效管理的导向功能。绩效管理总是与企业薪酬奖励、晋升调配等制度密切相关相伴，有利于在组织内部形成你追我赶的竞争局面，发挥竞争功能。绩效管理工作的实施，有利于不断完善和优化绩效考核制度，如员工晋升、奖励、调配标准等，展现它的规范功能。

对员工而言，实施绩效管理有助于发挥激励功能、发展功能、控制功能和沟通功能。

二、绩效管理的模式

1. “德能勤绩”式

“德能勤绩”式就是对员工进行绩效考核和管理时，兼顾到员工的思想品德、能力、出勤、工作业绩等方面。但在实践操作中，业绩方面考核指标相对“德”“能”“勤”方面比较少且没有“明确定义、准确衡量、评价有效”的关键业绩考核指标。

2. “检查评比”式

国内目前绩效管理实践中“检查评比”式还是比较常见的，采用这种绩效管理模式的公司通常情况下基础管理水平相对较高，一般地，按岗位职责和工作流程详细列出工作要求及标准，考核项目众多，单项指标所占权重很小；评价标准多为扣分项，很少有加分项；考核项目众多，考核信息来源是个重要问题，除个别定量指标外，绝大多数考核指标信息来自抽查检查；大多数情况下，公司组成考察组，对下属单位逐一进行监督检查，颇有检查评比的味道，不能体现对关键业绩方面的考核。

3. “共同参与”式

“共同参与”式绩效管理在国有企业和事业单位中比较常见，这些组织显著特征是崇尚团队精神，公司变革动力不足，公司领导往往从稳定发展角度看问题，不愿冒太大风险。

“共同参与”式绩效管理有3个显著特征：绩效考核指标比较宽泛，缺少定量硬性指标，这给考核者留出很大余地；崇尚360°考核，上级、下级、平级和自我都要进行评价，而且自我评价往往占有比较大的权重；绩效考核结果与薪酬发放联系不紧密，绩效考核工作不会得到大家的极力支持。

4. “自我管理”式

“自我管理”式是世界一流企业推崇的管理方式，这种管理理念是基于对人性假设的“Y”理论，通过制定激励性的目标，让员工自己为目标的达成负责；上级赋予下属足够的权利，一般很少干预下属的工作；很少进行过程控制考核，大都注重最终结果；崇尚“能者多劳”的思想，充分重视对人的激励作用，绩效考核结果除了与薪酬挂钩外，绩效考核结果还决定着员工岗位

升迁或降职。

三、绩效考评的方法和实施

（一）绩效考评概述

1. 绩效考评的概念

绩效考评是一种正式的员工评估制度，它是通过系统的方法、原理，评定和测量员工在某职务上的工作行为和工作效果。

2. 绩效考评的类型

（1）效果主导型。考评的内容以考评工作效果为主，效果主导型着眼于“干出了什么”，重点在结果，而不是行为。它考评的是工作业绩，不是工作过程，考评标准容易制定，考评容易操作。

（2）品质主导型。考评的内容以考评员工在工作中表现出来的品质为主，品质主导型着眼于“他这个人怎么样”，该考评需要对员工的忠诚度、可靠性、主动性、创造性、自信心、协作精神等进行定性描述，所以，很难具体掌握，且操作性与效度较差。但是它适合对员工工作潜力、工作精神及人际沟通能力的考评。

（3）行为主导型。考评的内容以考评员工的工作行为为主，行为主导型着眼于“干什么”“如何去干的”，重在工作过程，而非工作结果。考评的标准较容易确定，操作性较强。行为主导型适合于对管理性、事务性工作进行考评。

3. 绩效考评的作用

通过实施绩效考评，能为员工的薪酬调整、奖金发放、职务调整等提供依据，能为上级和员工之间进行正式沟通提供一个机会，并让员工清楚企业对自己的真实评价和对自己的期望，也能让企业及时准确地获得员工的工作信息，为改进企业政策提供依据。

（二）绩效考评的方法

1. 排列法

排列法也称排序法、简单排列法，是比较简单易行的一种综合比较方法。它通常是由上级主管根据员工工作的整体表现，按照优劣顺序依次进行排列。有时为了提高其精确度，也可以将工作内容进行适当分解，分别按照优良的顺序排列，再求总平均的次序数，作为绩效考评的最后结果。

2. 关键事件法

关键事件法也称重要事件法，它强调对事不对人，以事实为依据。在某些工作领域，员工在完成工作任务过程中，有效的工作行为导致成功，无效的工作行为导致失败。关键事件法的设计者将这些有效或无效的工作行为称为“关键事件”，考评者要记录和观察这些关键事件，因为它们通常描述了员工的行为以及工作行为发生的具体背景条件。这样，在评定一个员工的工作行为时，就可以利用关键事件法作为考评的指标和衡量的尺度。

3. 工作成果评价法

工作成果评价法所依据的是著名的目标管理过程，因此，也称为目标管理法。这种方法指由主管人员和下属共同讨论和制定员工在一定时期内需要达到的绩效目标以及检验目标的标准；经过贯彻执行后，到规定期末，主管人员和下属双方共同对照既定目标，依据原定的检验目标的标准，测评下属的实际绩效，找出成绩和不足；然后双方本着合作互利、发扬优点、克服缺点的原则，制定下一阶段的绩效目标。员工的绩效水平就按员工对目标的实现程度评定。

4. 对偶比较法

此法要将全体员工逐一配对比较，按照逐对比较中被评为较优的总名次数来确定等级名次。这是一种系统比较程序，科学合理。但此法通常只考评总体状况，不分解维度，也不测评具体行

为，其结果也是仅有相对等级顺序。它适用于人数不超过10人的小团队的考评。

此外，还有360°综合考核、等级评估法等可供使用。

（三）绩效考评的实施

1. 制订计划

为了保证绩效考评顺利进行，必须事先制订计划。首先要明确考评的目的和对象，然后再根据目的、对象选择重点的考评内容、考评时间和方法。

2. 技术准备

绩效考评是一项技术性很强的工作。其技术准备包括拟定、审核考评标准，选择或设计考评方法，培训考评人员等内容。

3. 收集资料信息

员工业绩考核的标准和执行的方法要取决于开展绩效考核的目的。因此，在确定评价信息的来源以前，应该首先明确“绩效考核的结果是为谁服务”以及“他们需要用这些绩效考核信息来做什么”。

4. 分析评价

这一阶段的任务是对员工个人的德、能、勤、绩等作出综合性的评价。分析评价是一个由定性到定量再到定性的过程。

5. 绩效考评反馈

绩效考评反馈即将绩效考评的意见反馈给被考评者。一般有两种形式：一是绩效考评意见认可；二是绩效考评面谈。

6. 绩效考评的审核

绩效考评审核主要集中在5个环节：审核考评者、审核考评程序、审核考评方法、审核考评文件、审核考评结果等。

【案例】

耐顿公司是NLC化学有限公司在中国的子公司，属于中型企业，主要生产、销售医疗药品。随着生产业务的扩大，为了对生产部门的人力资源进行更为有效的管理开发，2000年初始，分公司决定在生产部门设立一个新的职位，主要职责是负责生产部与人力资源部的协调工作。部门经理希望从外部招聘合适的人员。

根据公司安排，人力资源部经理向建华设计了两个方案：一个方案是在本行业专业媒体中做专业人员招聘，费用为3 500元。好处是对口的人才比例会高些，招聘成本低；不利条件：企业宣传力度小。另一个方案为在大众媒体上做招聘，费用为8 500元。好处是企业影响力度很大；不利条件：非专业人才的比例很高，前期筛选工作量大，招聘成本高。公司初步选用第一种方案。总经理看过招聘计划后，认为公司在大陆地区处于初期发展阶段，不应放过任何一个宣传企业的机会，于是选择了第二种方案。

在1周的时间里，人力资源部收到了800多封简历。建华和人力资源部的人员在800份简历中筛出70封有效简历，经筛选后，留下5人。于是他来到生产部门经理于欣的办公室，将此5人的简历交给了于欣，并让于欣直接约见面试。部门经理经过筛选后认为可从两人中做选择——李楚和王智勇。

李楚和王智勇的基本资料相当。但值得注意的是，王智勇在招聘简历中没有对上一个公司主管的评价。公司通知两人1周内等待通知，在此期间，李楚在静待佳音而王智勇打过几次电话给人力资源部经理，第一次表示感谢，第二次表示他非常想得到这份工作。

人力资源部和生产部门的负责人对这两位候选人的情况都比较满意，虽然王智勇在简历中没有对前主管的评价，但是生产部门负责人认为这并不能说明他一定有什么不好的背景。虽然感觉他有些圆滑，但还是相信可以管理好他，再加上他在面试后主动与公司联系，生产部门负责人认为其工作会比较积极主动，所

以，最后决定录用王智勇。王智勇来到公司工作了6个月，在工作期间，经观察发现王智勇的工作不如期望的好，指定的工作他经常不能按时完成，有时甚至表现出不能胜任其工作的行为，所以，引起了管理层的抱怨，显然他对此职位不适合，管理层认为必须加以处理。然而，王智勇也很委屈。他来公司工作了一段时间，招聘所描述的公司环境和各方面情况与实际情况并不太一样，原来谈好的薪酬待遇在进入公司后又有所减少，工作的性质和面试时所描述的也有所不同，也没有正规的工作说明书作为岗位工作的基础依据。

第六章 物资管理

第一节 土地资源管理

土地作为超前于人类社会而存在的自然资源，它是生态环境的基本要素，当人类出现在地球上时，又成为人类赖以生存和社会经济得以发展的最基本的条件和社会生产力的根本源泉。由于未被开发利用的土地没有凝结人类的劳动，它们没有劳动价值，甚至不是真正的劳动对象和生产资料，而只是纯粹的自然状态的土地——自然资源。但是，作为纯粹自然资源的土地，一旦被国家、社会或个人占有而成为排他性的财产时，土地所有权就具有经济和法制的意义，而使土地具有资源和资产的双重内涵和双重特性。

所谓土地资源，是指土地作为生产要素和生态环境要素，是人类生产、生活和生存的物质基础和来源，可以为人类社会提供多种产品和服务。土地资源是指在一定的技术经济条件下，能直接为人们生产和生活所利用并能产生经济效益的那部分土地。在一定的技术经济条件下，并非所有的土地都是土地资源，且随着人类技术水平的提高和经济实力的增强，能直接为人们所利用的土地资源将越来越多。

一、土地资源的经济特征

土地资源的经济特征主要有如下 3 种。

（1）农业用地和城市建设用地均有一定的合理利用的集约度，超过合理利用的界限会出现报酬递减现象，从而限制最优、较优土地的无限利用，使土地供求矛盾加剧。

（2）土地经济供给的稀缺性。这是由土地自然供给的绝对有限性，加之土地的不动性和土地报酬的递减性等因素所造成的，从而造成和加剧了急需土地的相对稀缺，也影响着土地价格的波动。

（3）土地利用中土地用途和地价变动的滞缓性。这主要由于农业用地和建设用地需要有一定的生产周期及用前的基础设施，在生产过程和建筑设施完成后，其用途不宜随时更动，而且往往限于一定的承包、租赁期，使土地、地价不能随着市场物价的变化而变动。

二、土地资源管理的原则

为了加强土地管理，必须遵循以下基本原则。

（1）维护社会主义土地公有制。我国土地所有制是国家所有制和集体所有制两种形式并存。农业企业必须认真贯彻执行国家的土地政策和法令，依法维护土地的社会主义全民所有制和集体所有制，充分发挥土地公有制的优越性。随着我国农村经济改革的深入，有相当大部分的土地已承包给农户经营，这就更要加强土地的社会主义公有制的宣传和管理工作。

（2）节约用地，杜绝浪费。我国人口多、耕地少，保护耕地、节约用地特别重要。因为土地的面积是有限的，尽管可以通过一定的措施对土壤肥力加以改良，但不能增加土地的数量。而且在目前的技术条件下，它还是一种不可替代的生产资料，不像其他生产资料那样，可以相互取代，调剂余缺。这就要求必须珍惜每一寸土地，保证农业生产用地的需要，防止任意占用和浪费土地。

(3) 用养结合，保护和改善生态环境。把保护土地与开发、利用土地有机结合起来，鼓励土地利用者积极改造土地，向土地投资、投劳，不断提高土地生产力。大力保护和发展森林、草场，以形成良好的生态环境。

(4) 重视土地的权属管理原则。《中华人民共和国土地管理法》规定，凡涉及土地统一组织管理的工作，要实行统一归口管理。因此，农业企业必须依法、科学、统一、全面管理土地。正确处理好统一管理和分散经营的关系，从而保证土地资源的合理利用和承包经营者积极性的充分发挥，保证农业生产的持续、稳定、协调发展，最大限度地满足社会需要。

三、土地资源管理的内容

农业企业土地资源管理的主要内容包括：土地数量、质量的管理，土地权属管理，土地利用监督。以上 3 项工作紧密结合，缺一不可。土地数量、质量管理是基础，土地权属管理和利用监督是主体，基础工作搞好了，主体工作才有保证；只有完成主体工作，土地资源管理的目的才能达到。

第二节　物力资源管理

物力资源是企业从事生产经营活动的物质基础，任何企业要从事生产经营活动，都必须拥有一定的物力资源。物力资源有狭义与广义之分。广义的物力资源是物质资料的总称，包括生产资料和生活资料。狭义的物力资源，是指企业在生产经营活动中所利用的生产资料，即在企业的生产经营活动中被当做劳动手段和劳动对象利用的一切物质资料，包括设备、原料、材料、辅助材料、燃料、工具、零配件和其他低值易耗品等。此处所讲的物力资源是指狭义的物力资源。

物力资源是指企业从事生产经营活动所需的一切生产资料，其构成状况可按物力资源在生产经营过程中的作用划分为劳动对象和劳动手段。在制造类企业中，劳动对象是指通过劳动者进行加工之后，转换成为新的使用价值的那一部分物力资源，如原材料、辅助材料、燃料等。劳动手段是指劳动者用以改变劳动对象的一切物质条件，如厂房、设备、工具等。在流通等企业中，商品进货后很少再进行加工生产，故其物力资源的内容相对简单，一般包括：流通活动的对象，即各类商品体；企业赖以活动的物质设备，如库房、柜台等。这些物力资源仍可大体归于劳动对象和劳动手段两类之中。

企业物力资源管理必须考虑劳动对象与劳动手段两者相互协调适应，做到综合性的系统管理。

农业企业的物力资源，根据其作用可以分为以下5种。

（1）主要原料和材料。原料是指通过采掘工作获得的产品，如矿石、原油等；材料是将原料经过一定加工后，作为劳动对象提供的产品，如钢材、棉纱等。

（2）辅助材料。辅助材料主要指用于生产过程但不构成产品主要实体的材料。例如，与主要原料相结合，使主要材料发生化学或物理变化的材料，如染料、催化剂、接触剂等；产品生产工艺所需的各种材料，如铸造生产所用的型砂、型芯、铁丝、铁钉等；与机器设备有关的材料，如润滑剂、皮带等；与劳动条件有关的材料，如清扫工具、照明设备、取暖设备等。

（3）燃料。如企业生产中用到的煤炭、木柴、汽油等。

（4）动力。如企业生产中用到的电力、蒸气、压缩空气等。

（5）工具。如企业生产中用到的各种刀具、量具、卡具、模具等。采用这种分类方法，便于企业制定物资消耗定额和计算各种物资需要量，便于计算产品成本，确定流动资金定额。

一、物资管理

（一）物资消耗定额

1. 物资消耗定额的含义

物资消耗定额是指在一定的生产技术和生产组织的条件下，生产制造单位产品或完成单位任务所必需消耗的物资数量标准。

物资消耗定额通常用绝对数来表示，如制造1台机床或1个零件消耗多少钢材、生铁；有的也用相对数来表示，如冶金、化工等企业，用配料比、成品率、生产率等来表示。

2. 物资消耗定额的构成

制定物资消耗定额，首先要分析物资消耗的构成，即从原材料准备和投入生产开始，直到产品制成为止的整个生产过程中，物资消耗在哪些方面。

一般而言，原材料消耗的构成主要有以下3部分。

（1）构成产品净重的消耗。它是物资消耗的基本部分，也是有效消耗部分。

（2）工艺性消耗。指由于工艺技术方面的原因所产生的原材料消耗，如机加工中的铁屑，木材加工中的木屑、刨花等。

（3）非工艺性损耗。指产品净重和工艺性消耗以外的物资消耗，如生产的废品，运输、保管过程中所产生的损耗以及来料不符合要求或其他非工艺技术原因产生的损耗。这部分损耗，一般是由于管理不善造成的。

3. 物资消耗定额的制定方法

物资消耗定额的制定包括“定质”和“定量”两个方面。“定质”是指合理选定所需物资的品种、规格和质量；“定量”是指确定物资消耗的数量标准。

“定质”的原则是：技术上可靠、经营上合理、供应上可能。一种产品采用何种材料最适宜，应列出多种方案，进行必要

的试验和技术经济分析，从中选出最佳方案。

“定量”即确定物资消耗定额的数量标准，主要采用经验统计分析法、技术计算法、试验或写实查定法、比较类推法等。这些方法各有其优点和缺点，适用于不同的情况。根据 ABC 分类法的原理，对 A 类物资一般采用技术计算法，以求准确可靠，并逐项制定定额；对 B 类物质一般采用技术计算法；对 C 类物资一般采用经验估算法。但无论采用什么方法，一般都应统计历史实际消耗数量，并进行分析对比，以求定额的合理和准确。

利用这些方法制定出的物资消耗单项定额，是企业基层单位限额领料或发料的依据之一。在此基础上，根据不同的需要综合形成物资消耗综合定额，包括征集物资消耗综合定额、同种产品物资消耗综合定额及同类产品物资消耗综合定额等。物资消耗综合定额一般会作为企业和主管部门编制计划、进行资源平衡分配的依据之一。

（二）物资库存控制

为了使生产能够连续进行，企业需要有一定数量的库存物资作为周转之用。但周转库存量过大，占用流动资金就多，产品成本就高；若周转库存量太小，占用的流动资金少了，但可能会满足不了正常的生产需要。所以，有必要研究一个合理的周转库存量，以便对库存进行控制。

1. 物资库存控制的模式

物资的库存控制，是对物资库存量动态变化的掌握和调整，是实现物资计划和控制流动资金的重要环节。库存控制应从系统的观点出发，建立库存控制模型，并从定性和定量两个方面进行综合分析和研究，以求得经济效益最佳的库存方案。一般企业首先要考虑以下几个问题。

（1）是否需要库存。企业要进行周密的调查和分析，掌握企业所需物资有无可靠来源，供应商是否能按企业的生产需要保证供应，有无可靠的运输条件，等等。

如果这些条件都具备了，企业可以考虑不要库存，这样可以在一定程度上减轻资金的占用，减少库存的工作量。如果不具备这些条件，则需要有库存，以免影响企业正常生产的进行。

此外还应考虑企业的经济效益。在一般情况下，企业可以从订购费用和保管费用两个方面进行比较。

(2) 是否需要补充库存。如果企业确定某种物资需要库存，就应考虑采取何种订货方式，如是一次性采购订货还是分批采购订货等。

当企业所需要的物资的生产或供应在供应商那里不会发生中断，有可靠的供应来源，这种情况称为需要库存补充，即企业库存可以根据需要连续多次补充订货。

当企业所需的物资的生产或供应有很强的时间性和季节性，如果失去采购订货时机，供应可能会发生中断，这类物资就需要组织一次性订货，以保证自身生产需要；否则，可能会由于该物资库存量不足而影响生产，甚至造成停工、停产等严重损失。这种情况称为不需要补充库存，即企业应一次性采购生产所需要的物资，以免当该物资短缺时无法通过补充订货获得，从而影响生产。

2. 定期库存控制

(1) 定期库存控制法。定期库存控制法，是以固定盘点和订货周期为基础的一种库存量控制方法，它按规定时间检查库存量并随即提出订货，补充至库存储备定额。物资订购时间是预先固定的，每次订购批量是可变的，其公式为：

订货量=平均每天的需求量×(订购周期+订购间隔期)+安全库存-现有库存量-已订购而未交货量

安全库存=(预计每天最大耗用量-每天正常耗用量)×订购周期

式中，订购周期是指提出订货到该批物资入库为止所需要的时间，订购间隔期是指相邻两次订购日之间的时间间隔，现有库存量是提出订购时盘点的库存量，已订购而未交货量是指已经订购但尚未到货的数量。

（2）定量库存控制法。定量库存控制法，是以固定订购点和订购批量为基础的一种库存控制方法，即当实际库存降低至预先设定的订购点（即某一库存量水平）时，立即发出订货通知；经过一段时间，库存降至更低水平时，订货到达，库存得到恢复；然后当库存量再次降低至订购点时，组织下次订购。上述过程，每经过1个订货间隔期重复1次，其计算公式为：

订购点=平均每日需要量×备用天数+安全库存

安全库存=（预计每天最大耗用量-每天正常耗用量）×订购周期

定量库存控制法还有一种更简单的处理方式，称为双堆法或分存控制法。实行这种方法时，是先将库存物资分为两堆，先用第一堆，当用完第一堆时，立即组织采购订货，并继续使用第二堆，采购的物资也同时到达，因此，实际第二堆物资就是订购点。

需要注意的是，定量库存控制法有一个重要假设，即采用这种方法进行库存控制的物资在企业生产中的消耗是连续、稳定和均匀的，只有这样，才不会出现订购物资还未到货，而库存已经消耗完了的情况。

（3）经济批量控制法。利用经济批量法进行库存控制，侧重于从企业本身的经济效益来综合分析物资订购费用和库存保管费用。经济批量，一般分为不允许缺货的经济批量和允许缺货的经济批量。

（4）ABC分类控制法。企业所需要的物资品种多、规格多、耗用量大，其价值大小和对企业的重要程度各有不同，因此，应分别对待。一般将物资划分为A、B、C三大类，实行不同的管理策略。A类物资品种少，一般占企业全部物资的10%~25%，但占用资金较多，占75%~80%，即品种少、数量少但价值高；B类物资占20%~25%，资金占15%~20%；C类物资品种繁多，占60%~65%，但资金只占5%~10%，即品种多、数量多，但价值低。

上述3类物资在库存控制和管理中的重要程度不同。A类物资最重要，应严格控制，一般采用定期库存控制法，尽量缩短订货间隔期；B类物资较重要，可适当控制，一般可采用定量库存控制法，即当库存量降低到订购点时再订购；C类物资是一般物资，可放宽控制，订购间隔期可长一些，如几个月或半年订购1次。这样可以简化物资管理工作，做到既能保证生产需要，又占用最少资金，从而使企业获得良好的经济效益。

(三) 仓库日常管理

仓库是储存物资的场所。按储存性质仓库可分为：生产性仓库、中转性仓库、储备性仓库等；按建筑位置仓库可分为：地面库、半地面库、地下库、山洞库等；按机械化程度仓库可分为：一般仓库（主要靠人工进行各种储运等操作）、半机械化仓库、机械化仓库和自动化仓库（包括无人仓库和极少数人控制的自动化仓库）等。现在很多国内的现代化企业为了提高仓库的使用效率和效果，一般都建筑了现代化立体式自动化仓库。仓库管理主要涉及物资的验收入库、物资的存储和保管、物资的发放、库存盘点4个方面的工作。

1. 物资的验收入库

物资的验收主要包括两个方面：一方面是数量验收，即查明到货物资的数量、品种、规格等方面是否与订单、发票及合同的规定相符；另一方面是质量验收，查明到货物资在质量方面是否符合合同规定的标准。数量验收一般由仓库管理人员负责，质量

验收一般由企业的检验部门负责。

物资验收入库非常重要，因为它是把好企业生产所用各种物资入口的第一关，对保证生产的正常有序进行、保障产品质量等有重要作用。因此，要严格做到凭证不全的不收、手续不全的不收、数量不足的不收、质量不符合标准的不收。如果在验收中发现上述问题，要及时通知有关部门，查明原因，及时处理；如果是国外进口的物资，必须在索赔期内验收完毕以免给企业造成经济损失。

2. 物资的储存和保管

各种物资的性能、规格不同，要求储存保管的条件也各不相同。储存保管时，必须分别采用适当的储存保管场所和方法，达到物资完整无损的目的。由于物资储存保管是物资验收入库、物资发放到生产制造之间的一个中间环节，物资频繁出进，所以，要考虑收发、清点、装卸、搬运等作业的方便与安全。

在安排储存保管的场所时，应尽量按照物资的物理性能、化学属性、体积大小、轻重包装等特性，做到同类物资存放在一起，不要交叉存放。

为了便于管理，可以采用以下一些方法。

（1）四号定位。每一种物资的编号均要查询、录入由4个号码组成，分别代表库存房号、货架号、货层号和货位号。在材料明细账的账页上也同样用这个编号，这样一看账页就可知道这种货物存放的位置，不仅查录物资信息迅速、方便，而且便于仓库管理人员之间相互接替进行收发及保管工作，搞好相互之间的协作关系。

（2）分区分类。根据物资的类别，合理规划物资摆放的固定区域。

（3）立牌立卡。就是对定位编号的各类物资建立料牌和卡片。

（4）五五摆放。就是按照物资性质和形状以五为计量基数，做到五五成行、五五成方、五五成串、五五成包、五五成堆、五五成层等。

为了充分利用仓库容积，提高仓库储存物资的能力，保证储存物资的安全，一般采用货架存放物资。根据物资的形状和规格要求，常设有通货架、长形物资货架、特种货架、高层托盘式货架等。在物资储存保管中，应建立和健全账卡档案，及时掌握和反映产、需、供、耗、存的情况，充分发挥仓库对企业生产过程的支持作用。企业财务部门应经常与仓库建立定期的对账制度，以保证账、物、卡相符。

另外，对物资进行编号也是仓库自动化必不可少的要求。常用的仓库自动化系统是ERP系统，就是通过对企业库存物资进行编码，进而实现计算机化控制和管理，并形成企业综合生产自动化生产体系。

3. 物资的发放

物资的发放是为企业生产环节服务的，仓库要根据生产计划的安排，按质、按量、按时、齐备地发放生产所需要的各种物资。

发放物资的形式有两种，即领料制和送料制。领料制是由用料单位到仓库领取生产所需的物资，这样便于用料单位根据实际需要随时到仓库领料，需要多少领多少。送料制是由仓库管理人员将生产所需的物资送到用料单位，这样有利于生产部门集中精力搞好生产，节约领料的时间，但要求物资消耗定额准确、生产任务下达及时，这样仓库管理人员才能根据定额和任务进行配料，做好准备工作，进而送料上门。在实际应用中，不管采用哪种方式，均要按照生产任务和物资消耗定额发放物资。

另外，物资发放必须有严格的手续和制度，如实行计划限额发料、定额分批发料、物资回收制度、补料审核制度等。对企业

内用料单位发放物资时，一般要有“领料单”“送料单”等；对企业外部的单位销售或调拨物资时，需有销售物资发票中的“提货单”，并经核对无误后，方能发放物资。在出库时，应根据“入库通知单”“领料单”上填写的内容，办理出库发货手续，并登记材料明细账，编号应与之前的一致，以便检查核对。

4. 库存盘点

企业仓库物资的流动性很大，为了及时掌握物资的变动情况，避免物资的短缺丢失或超储积压，保持账、物、卡相符，每一个企业都必须经常和定期地进行库存盘点工作。

经常的库存盘点，也称为永续盘点法，即每天对发生过的收或发的物资盘点 1 次，每月轮番抽查一部分物资，达到全年对所有的物资全面清点 1 遍，检查物资的实际余额与账、卡记录的数字是否一致。

定期的库存盘点，也称为定期全面盘点法，仓库人员会同有关人员（如供应、财务、检验等）组成库存盘点小组，在年中或年末的某一时间，对全部库存物资进行盘点和检查，并编制库存物资清册，列出盘盈或盘亏。

在盘点后，无论发现盘盈还是盘亏，都应在分析原因的基础上，追究责任，对于清查出来的超储、呆滞物资必须及时处理。

二、企业设备管理

设备是企业进行生产经营活动的物质基础，是固定资产的重要组成部分。随着农业现代化的进程，农业企业采用的先进设备越来越多，故设备管理越来越重要。

（一）企业设备管理的概述

设备是企业的主要生产工具，也是企业现代水平的重要标志。设备是固定资产的重要组成部分。在国外，设备工程学将设备定义为“有形固定资产的总称”。在我国，只把直接或间接参与改变劳动对象的形态和性质的物质资料看作设备。设备是人们在生产或生活上所需的机械、装置和设施等可供长期使用，并在使用中基本保持原有实物形态的物质资料。

设备管理以提高设备综合效益为目标，综合效益高就是投入最少的资金、人力、设备和原材料并采用最优的方法，力争获得更多的输出，即获得产量高、质量好、成本低、交货期准，并且生产安全、环境保护良好，同时，促进操作人员的精神状态。随着自动化程度的提高，生产对设备的依赖程度不断提高，因此，影响输出的主要要素将是设备。

设备管理是指以设备为研究对象，追求设备综合效率与寿命周期费用的经济性，应用一系列理论、方法，通过一系列技术、经济、组织措施，对设备的物质运动和价值运动进行全过程的科学管理。

设备管理的主要目的是，用技术上先进、经济上合理的装备，采取有效措施，保证设备高效率、长周期、安全、经济地运行，来保证企业获得最好的经济效益。设备管理是企业管理的一个重要部分。在企业中，设备管理搞好了，才能使企业的生产秩序正常，做到优质、高产、低消耗、低成本，预防各类事故，提高劳动生产率，保证安全生产。

设备是现代化生产的基础，设备管理的好坏直接影响到企业的生产能力、产品质量、能源消耗、生产成本和劳动生产率。要有计划、有步骤和有重点地对现有设备进行更新和技术改造，加强维修，使老设备的性能提高，寿命延长，保证企业能创造更高的经济效益，为促进国民经济的持续稳定发展作出贡献。

（二）设备管理的范围

设备管理是对设备寿命周期全过程的管理，包括选择设备、正确使用设备、维护修理设备以及更新改造设备全过程的管理工作。设备运动过程从物资、资本两个基本面来看，可分为两种基

本运动形态，即设备的物资运动形态和资本运动形态。

1. 设备的物资运动形态

设备的物资运动形态是从设备的物质形态的基本面来看，指设备从研究、设计、制造或从选购进厂验收投入生产领域开始，经使用、维护、修理、更新、改造直至报废退出生产领域的全过程，这个层面过程的管理称为设备的技术管理。

2. 设备的资本运动形态

设备的资本运动形态是从设备资本价值形态来看，包括设备的最初投资、运行费用、折旧、收益以及更新改造自己的措施和运用等，这个层面过程的管理称为设备的经济管理。设备管理既包括设备的技术管理，又包括设备的经济管理，是两方面管理的综合和统一，偏重于任何一个层面的管理都不是现代设备管理的最终要求。

（三）设备管理的内容

（1）正确地选购设备，为企业提供最优的技术装备，为此设备管理部门必须掌握本企业各类设备的技术发展动向，包括设备的型号、规格、性能、用途、效率、价格、供应情况等，以便进行合理选购。

（2）在节省设备维修费用的条件下，保证机器设备始终处于良好的技术状态，即在设备投产后，保证设备长期始终处于良好的技术状态，保证生产设备主机与辅助机以及随机附件的完整、齐全。

（3）做好现有设备的改造更新工作，不断提高企业技术装备的现代化水平，使企业的生产活动稳固地建立在最佳的物质技术基础上。

（4）保证设备的正常运转，熟练掌握引进设备的维修技术，及时解决备用品配件的供应。

（5）做好动力供应和节能工作。

（6）采取各种方法培训数量足够的设备管理与维修人员，提高设备管理人员的技术与管理水平。

（四）设备管理的原则

1. 在设备选择上要注意“三个原则”

企业在选择设备时要根据企业生产技术的实际需要和未来发展的要求，按照技术上先进、经济上合理、生产上适用的原则来选择设备，充分考虑设备的质保性、低耗性、安全性、耐用性、维修性、成套性、灵活性、环保性和经济性等，才能确保设备投入生产后经济运行，为企业带来较好的回报。

2. 在设备管理机构上要构建“三级网络”

企业要结合自身实际，建立起以法人为核心的企业、车间、班组三级企业设备管理网络，健全设备管理机构，明确职责，理顺关系。

3. 在设备管理方式上要实行“三全管理”

现代的设备管理不同于传统的设备管理，它是综合性的，可以概括为设备的全面管理、全员管理和全程管理，有效保证设备的技术性能和正常工作，提高其使用寿命和利用率。

4. 在设备检修维护上要实行“三严”

一是严格执行检修计划和检修规程，有计划、有准备地进行设备的检查和维护。二是严格把好备品备件质量关。力求既保证质量，又经济节约。三是严格抓好检修质量和技改检修完工验收关。对设备检修和技改检修实行定人、定时、定点、定质、定量制度，纳入经济责任制考核，确保检修质量和技改质量。

5. 在设备安全运行上要力求“三个坚持”

一是要坚持干部值班跟班制度。做好交接班记录，及时发现问题并及时处理，不把设备隐患移交下一班，最大限度地减少和杜绝人为的操作和设备事故的发生。二是坚持持证上岗制度。要加大教育培训力度，使操作者熟悉和掌握所有设备的性能、结构

以及操作维护保养技术，达到“三好”（用好、管好、保养好设备）、“四会”（会使用、会保养、会检查、会排除故障）。对于精密、复杂和关键设备要指定专人掌握，实行持证上岗。三是坚持抓好“三纪”。安全、工艺、劳动纪律与设备安全运行管理紧密相连。因此，必须坚持以狠抓节能降耗、文明卫生等现场管理为主要环节，做到沟见底（排污、排水沟）、现场地面无杂物、设备见本色，并持之以恒形成制度，形成习惯，形成一种风尚，使设备现场管理工作更加扎实。

6. 在设备的保养上要实行“三级保养”

三级保养是指设备的日常维护保养（日保）、一级保养（月保）和二级保养（年保）。日常维护保养是操作工人每天的例行保养，内容主要包括班前班后由操作工人认真检查、擦拭设备各个部位和注油保养，使设备经常保持润滑清洁，班中设备发生故障，及时给予排除，并认真作好交接班记录。一级保养是以操作工人为主、维修工人为辅，对设备进行局部解体和检查，一般可每月进行1次。二级保养是以维修工人为主、操作工人参加，对设备进行部分解体检查修理，一般每年进行1次。各企业在搞好三级保养的同时，还要积极做好预防维修保养工作。

7. 在设备事故处理上要做到“三不放过”

企业要逐步健全各种设备管理制度，做到从制度实施、检查到考核日清月结，把执行制度的好坏作为奖惩的重要条件。坚持对一般设备事故按“三不放过”的原则处理，即事故原因不清不放过、责任者未受到教育不放过、没有采取防范措施不放过。

8. 在设备改造和更新上要注意“三个问题”

设备更新改造是设备管理中不可缺少的重要环节，在设备更新改造中，一是要注意从关键和薄弱环节入手量力而行。对设备更新改造应从企业的实际出发进行统筹规划、分清轻重缓急，从关键和薄弱环节入手才能取得显著的成效。二是注意设备更新与设备改造相结合。虽然随着科技的不断进步，新生产的设备同过去的同类设备相比，在技术上更加先进合理，但对现有设备进行改造具有投资小、时间短、收效快、对生产的针对性和适应性强等独特优点，因此，必须把设备更新与设备改造结合起来，才能加快技术进步的步伐，取得较好的经济效益。三是注意设备改造与设备修理相结合。在设备修理特别是大修理时，往往要对设备进行拆卸，如果能在设备进行修理的同时，根据设备在使用过程中暴露出来的问题和生产的实际对设备作必要的改进，即进行改善性修理，则不仅可以恢复设备的性能和精度等，而且可以提高设备的现代化水平，大大节省工作量，收到事半功倍的效果。因此，在对设备进行改造时，应坚持科学的态度，尽可能地把设备修理与改造结合起来。

第七章　资金管理

第一节　企业资金的概念与特点

一、资金的概念

（一）资金的含义

资金是社会主义再生产过程中通过不断运动保存并增加其自身价值的价值，是社会主义公有资产的价值形态，是社会主义国家和企业扩大再生产、满足全社会劳动者日益增长的物质和文化需要的手段，体现了国家、企业、劳动者个人三者在根本利益一致基础上的关系。对于资金，还有以下表述。

（1）资金是垫支于社会再生产过程，用于创造新价值，并增加社会剩余产品价值的媒介价值。

（2）资金是以货币表现，用来进行周转，满足创造社会物质财富需要的价值，它体现着以生产资料公有制为基础的社会主义生产关系。

（3）资金是用于社会主义扩大再生产过程中的有价值的物资和货币。

（4）资金是国民经济中财产物资的货币表现。

对于企业而言，资金指的是企业所拥有的各项财产物资的货币表现。在生产经营过程中，资金的存在形态不断地发生变化，构成了企业的资金运动，表现为资金投入、资金运用（也称资金的循环与周转）和资金退出3个过程，既有一定时期内的显著运动状态，表现为收入、费用、利润等，又有一定日期的相对静止状态，表现为资产与负债及所有者权益的恒等关系。

（二）资金的特点

1. 企业资金的物质性

资金从所得者投入的形态看是货币，但从运用形态看却表现为企业的各种资产，其中，大部分以财产物资形态存在，一部分以暂时闲置的货币形态存在。只有对外长期投资才长期以货币形态存在。无论财产物资形态或货币形态的资金，从经济内容看都是企业的各种生产经营要素。资金在这里表现为过去已经生产出来，现在继续用于生产流通的一部分社会物质资源，是社会再生产的物质条件，这就是企业资金的物质性。

2. 企业资金的周转性

资金是为形成企业内部生产经营要素与外部投资所垫支的货币。随着企业生产经营和对外投资收入的实现，原垫支的货币重新收回，继续用做下一个生产经营与对外投资过程的垫支。资金的垫支—收回—再垫支—再收回这一反复循环的过程，即为资金的周转。资金收回要以费用支出补偿为前提。只有企业生产经营与对外投资能保本盈利时，资金周转才能顺畅进行；企业生产经营活动与对外投资如发生亏损，则一部分资金就遭受损失。

3. 企业资金的增值性

在社会主义市场经济条件下，企业作为一级投资主体，无论是对内投资进行生产经营活动，还是对外投资进行投资活动，其基本动机都是为了盈利，即原垫支资金收回后，还要带来一个新增加的价值量，其货币表现就是企业纯收入。

二、企业资金运动过程

企业资金运动是以企业为主体，利用价值形式来管理企业再

生产过程的一种活动。它一般包括以下几个相互联系的过程，如图 7-1 所示。

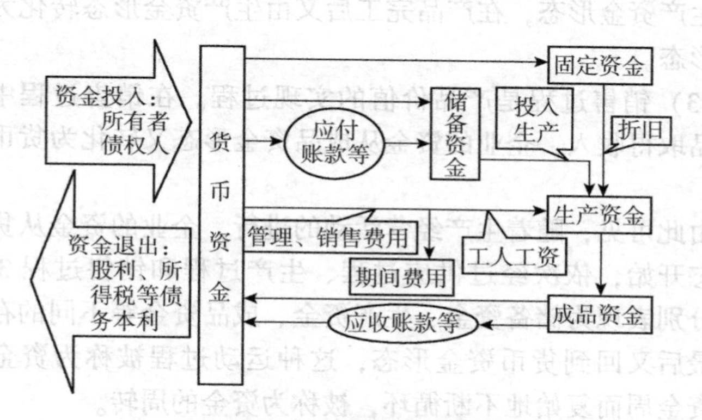

图 7-1　企业资金运动过程

1. 资金投入过程

资金的投入指的是资金的取得，是资金运动的起点。投入企业的资金包括投资者投入的资金和债权人提供的资金，前者形成企业的所有者权益，后者属于债权人权益（形成企业的负债）。投入企业的资金在形成企业的所有者权益和负债的同时形成企业的资产，一部分形成流动资产；另一部分构成非流动资产。

2. 资金运用过程

资金运用过程是把筹集到的资金合理地投放到生产经营活动中的各个方面，以满足生产经营的需要。企业将资金运用于生产经营过程就形成了资金的循环与周转。它分为供应过程、生产过程、销售过程 3 个阶段。

（1）供应过程是生产的准备过程。在供应过程中，随着采购活动的进行，企业的资金从货币资金形态转化为储备资金形态。

(2) 生产过程既是产品的制造过程，又是资产的耗费过程。在生产过程中，在产品完工之前，企业的资金从储备资金形态转化为生产资金形态，在产品完工后又由生产资金形态转化为成品资金形态。

(3) 销售过程是产品价值的实现过程。在销售过程中，销售产品取得收入，企业的资金从成品资金形态又转化为货币资金形态。

由此可见，随着生产经营活动的进行，企业的资金从货币资金形态开始，依次经过供应过程、生产过程和销售过程 3 个阶段，分别表现为储备资金、生产资金、成品资金等不同的存在形态，最后又回到货币资金形态，这种运动过程被称为资金的循环。资金周而复始地不断循环，被称为资金的周转。

3. 资金的回收与分配过程

资金的回收与分配是商品销售过程的结果及其后续工作，资金回收的过程同时也是资金投入、耗费的补偿过程，没有资金回收，那么在此之前的资金投入、耗费就得不到补偿，意味着原来的资金投入、耗费成为一种浪费、损失。资金回收是资金再投入、再耗费的根本保证，是企业再生产的必要条件。企业商品销售过程结束后，不仅需要及时收回销货款，而且还需要计算盈亏、依法向国家缴纳各种税金、对税后利润进行分配等。

4. 资金的退出

资金的退出一般指风险资金的退出。风险投资一般不以控股和分红为目的，而是通过资本与管理投入，在企业的成长中促进资本增值，并且在退出时实现收益变现，再寻找新的投资对象。主要有 6 种退出渠道：公开上市、买壳上市或借壳上市、并购退出、风险企业回购、寻找第二期收购、清算退出。

三、资金的时间价值、成本及风险

1. 资金的时间价值

资金的时间价值是指资金在周转使用中由于时间的因素而形成的差额价值。资金在周转过程中，不仅会发生价值的转移（如从原材料变成产品），而且会发生价值的变化，即随着资金周转时间的推移而发生增值或减值。由此，不同时间的资金具有不同的价值，今天的100元和1年后的100元其价值是不同的。

资金的时间价值取决于社会平均利润率，通常以利率表示，但与一般的利率（如银行的存款利率和贷款利率、债券利率或股息等）不同，一般的利率除了包括资金的时间价值外，还包括风险因素。

2. 资金的成本

资金的成本是企业筹集和使用资金而必须支付的各种费用，具体包括资金筹集费用和资金占用费用两部分。其中，资金筹集费用指资金筹集过程中支付的各种费用，如发行股票，发行债券支付的印刷费、律师费、公证费、担保费及广告宣传费。需要注意的是，企业发行股票和债券时，支付给发行公司的手续费不作为企业筹集费用。因为，此手续费并未通过企业会计账务处理，企业是按发行价格扣除发行手续费后的净额入账的。资金占用费是指占用他人资金应支付的费用，或者说是资金所有者凭借其资金所有权向资金使用者索取的报酬。企业资金的来源渠道很多，其资金成本的计算方法各有不同，其成本支付方法如股东的股息、红利、债券及银行借款支付的利息。

在企业可以从多种来源、渠道筹集资金的情况下，企业筹资应做到各种资金来源比例适度、合理，优化资金来源结构。最优资金来源结构应该是在满足其他制约条件的同时，达到总资金成本率最低。

3. 资金的风险

企业资金风险是指企业资金在循环过程中，由于各种难以预料或无法控制的因素作用，使企业资金的实际收益小于预计收益而发生资金损失，进而造成企业运转不畅，甚至破产倒闭。市场经济发展规律决定了资金风险与收益并存，高收益必然存在潜在高风险，这种不确定性风险主要表现为市场风险、决策风险、操作风险和道德风险。

企业资金筹集的风险主要是企业因负债筹资而造成财务困难的风险。企业资金筹集的风险分为内因和外因。筹资风险的内因主要有负债规模过大、资本结构不当、筹资方式选择不当、负债的利息率等。筹资风险的外因主要有经营风险、预期现金流入量和资产的流动性、金融市场等。引起筹资风险的因素有：资本供求的变化，资本市场供给宽松时，较易筹集资金，若资本市场供给较紧，筹集资金较难，这时要谨防风险的产生；利率水平的变化，应注意因资金成本的升高而带来的收益下降；获利能力的变化，筹资时应坚持资本收益率高于资本成本率的原则；资本结构的变化，注意因资本结构的变动而引起的综合资金成本升降。

第二节　企业资金的筹集

一、筹资分类

企业筹集资金简称筹资，是指企业根据生产、对外投资的需要，通过筹资渠道和资本市场，运用筹资方式有效地筹集企业所需要资金的财务活动。筹资是企业财务管理工作的起点，关系企业能否正常开展生产经营活动，所以，企业应科学合理地进行筹资活动。改革开放以来，中国投资领域发生了重大变化，投资主体多元化、投资渠道多元化、筹资方式多样化已经成为投资体制

改革的重要标志。

1. 按时间长短划分

按时间长短，企业筹集的资金可以分为短期资金和长期资金。

（1）短期资金一般指使用期限在1年以内的资金，其筹资途径主要有：商业信用；向银行借款，可以分为信用借款和担保借款，其中，对后者约束较多；出售商业票据，通常情况下，具有很高信用质量的大企业才允许这样做。

（2）长期资金一般指使用期限在1年以上的资金，其筹资途径主要有：发行股票（普通股或优先股）；发行长期债务，如长期贷款和债券，后者的借期更长，而且筹资金额更大。

2. 按资金来源划分

按资金来源，企业筹资的资金可分为所有者权益和负债，具体内容将在下面的筹资渠道中介绍。

二、筹资渠道

筹资渠道是指企业取得资金的来源，一般企业的资金来源可以分为投入资金和借入资金，前者形成企业的所有者权益，后者形成企业的债务。

（一）投入资金的筹集

投入资金，即所有者权益中的资本金，是指企业在工商行政管理部门登记的注册资金，即企业的自由资金。按照规定，企业总资产中必须包含一定比例的由出资方实缴的资金，这部分资金对企业法人而言属非负债金。根据国家法律法规，企业资本金的筹措方式有以下几种。

1. 吸收直接投资

企业可以吸收的直接投资包括国家投资、法人投资、个人投资、外商投资等。直接投资的优点是有利于提高企业信誉，有利于尽快形成生产能力，有利于降低财务风险；直接投资的缺点是资金的成本过高，控制权容易分散。

2. 普通股票投资筹资

如果企业还不是上市公司，可在满足上市条件的情况下，通过向社会公众发行普通股票筹集资金；如果公司已是上市公司，当需要再次增加自有资金时，可在满足发行新股的条件后，通过发行新股实现资金筹资。

3. 优先股票筹资

优先股通常预先定明股息收益率，优先股股票实际上是一种股份有限公司举债集资的形式。由于优先股股息率事先固定，所以，优先股的股息一般不会根据公司经营情况而增减，而且一般也不能参与公司的分红。

（二）借入资金的筹集

借入资金会形成企业的负债。企业的负债是指企业承担的能够以货币计量的、需要以资产或劳务方式偿还的债务。企业负债筹资一般有以下几种渠道。

1. 银行借款

银行借款是通过向银行借款的方式筹资。借款利息的支付方法有随本清算法、贴现法等。银行借款的优点是筹资速度快、筹资成本低、借款弹性好；缺点是财务风险大、限制条款多、筹资数额有限。

2. 发行债券

债券又称公司债券，是筹资者受到投资者资金后给予债券人的债券证书，也是债务人开具的有期限的信用凭证。债券的基本要素包括面值、期限、利率、发行价格等。债券筹资的优点是资金成本低，保证控制权，发挥财务杠杆作用；缺点是限制条件多，筹资数额有限，筹资风险高，等等。

3. 融资租赁

融资租赁是由承租人向出租人提出申请，由出租人融通资金引进设备再租给用户使用的方式。融资租赁租金的构成有设备价款、融资成本、租赁手续费等。融资租赁的优点是筹资速度快，限制条款少，设备淘汰风险小，到期还本负担轻，税收负担轻，等等；缺点是资金成本过高。

4. 商业信用

商业信用的主要形式有赊购商品、预收货款、商业汇票。商业信用筹资的优点是筹资便利，筹资成本低，限制条件少；缺点是放弃现金折扣会付出较高的资金成本。

第三节　企业资金的投放与应用

一、固定资产的投放与控制

（一）固定资产的概念

固定资产是指使用时间较长（大多是在1年以上），单位价值较高（在规定标准以上），并且在使用过程中保持原有实物形态的资产。其价值形态是固定资金，一般是以劳动资料的形式出现，如厂房、设备等。

1. 固定资产的特点

（1）循环周期较长。在生产过程中能够长时间使用，逐渐损耗，价值分次转移。

（2）一次投资，分次回收。这也说明了投资的重要性和谨慎性。

（3）价值补偿与实物更新可以分离。价值补偿是通过提取折旧费逐步进行，而实物更新则是其寿命完成后，再利用其所形成的折旧基金来进行。

2. 固定资产的分类

按照经济用途和使用情况来分类，固定资产可分为如下4种。

(1) 生产用固定资产。直接参与或直接服务于生产过程的各种固定资产。

(2) 非生产用固定资产。不直接用于生产方面的固定资产，如各种福利性设施。

(3) 未使用的固定资产。尚未开始使用或者暂时停止使用的固定资产，如新购进的固定资产。

(4) 不需用的固定资产。不适合生产需要的固定资产。

3. 固定资产的计价

以货币形式对固定资产进行计价，从而为固定资产核算和提取折旧费提供依据。

(1) 原始价值（原值）。企业建造或购置固定资产时所支付的总额，包括各种发生费用，如运输费、安装费、调试费等。

(2) 折余价值（净值）。原值减去累计折旧费后的余额。反映现有价值和设备的新旧程度。

(3) 重置价值。在目前情况下，重建或购进该项固定资产所需要的全部支出。

(二) 固定资产投资

固定资产投资是指投资主体垫付货币或物资，以获得生产经营性或服务性固定资产的过程。固定资产投资包括改造原有固定资产以及构建新增固定资产的投资。由于固定资产投资在整个社会投资中占据主导地位，因此，通常所说的投资主要是指固定资产投资。固定资产投资额是以货币表现的建造和购置固定资产活动的工作量，它是反映固定资产投资规模、速度、比例关系和使用方向的综合性指标。

固定资产投资具有以下特点。

（1）固定资产的回收时间较长。固定资产投资决策一经作出，便会在较长时间内影响企业，一般的固定资产投资都需要几年甚至十几年才能收回。

（2）固定资产投资的变现能力较差。固定资产投资的实物形态主要是厂房和机器设备等固定资产，这些资产不易改变用途，出售困难，变现能力较差。

（3）固定资产投资的资金占用数量相对稳定。固定资产投资一经完成，在资金占用数量上便会保持相对的稳定，而不像流动资产投资那样经常变动。

（4）固定资产投资的实物形态与价值形态可以分离。固定资产投资完成，投入使用以后，随着固定资产的磨损，固定资产价值便有一部分脱离其实物形态，转化为货币准备金，而其余部分仍存在于实物形态中。在使用年限内，保留在固定资产实物形态上的价值逐年减少，而脱离实物形态转化为货币准备金的价值却逐年增加。直到固定资产报废，其价值才得到全部补偿，实物也得到更新。

（5）固定资产投资的次数相对较少。与流动资产相比，固定资产投资一般较少发生，特别是大规模的固定资产投资，一般要几年甚至十几年才发生1次。

（三）固定资产折旧

固定资产折旧是指固定资产因耗损而转移到产品成本费用中去的那部分。

1. 固定资产折旧的范围

（1）房屋建筑物。不论是否使用，从入账的次月起就应计提折旧。

（2）在用固定资产。已经投入使用的生产设备、运输设备、仪器及实验设备等生产性固定资产以及已经投入使用的非生产性固定资产。

(3) 季节性停用及修理停用的固定资产。

(4) 以经营租赁方式租出的固定资产和以融资租赁方式租入的固定资产。

2. 固定资产的折旧方法

企业应根据固定资产所含经济利益的预期实现方式选择折旧方法。可供选择的折旧方法主要包括年限平均法、工作时间法、工作量法、年限总和法、双倍余额递减法等。折旧方法一经确定，不得随意变更；如需变更，应在会计报表附注中予以说明。

为体现一贯性原则，在1年内固定资产折旧方法不能修改，在各折旧方法中，当已提月份不小于预计使用月份时，将不再进行折旧。本期增加的固定资产当期不提折旧，当期减少的要计提折旧以符合可比性原则。

(1) 年限平均法。年限平均法又称直线法，是指将固定资产的应计折旧额均衡地分摊到固定资产预定使用寿命内的1种方法。采用这种方法计算的每期折旧额相等。在计算折旧额时，要考虑到固定资产废弃时还有残值。例如，房屋在废弃时，尚有砖木可以变价；机械设备在废弃时，废铜烂铁也有一定的价值。又如，在拆除固定资产和处理这些废料时，也要发生一些拆除清理费用，这些清理费用也是企业使用这项固定资产所必须负担的费用。因此，在计算固定资产折旧额时，除了预计固定资产折旧年限外，还须预计净残值（即预计残值减去预计清理费用后的余值），即先从固定资产的价值中减去预计净残值，再除以预计折旧年限来计算折旧。固定资产折旧额的计算公式如下。

$$固定资产折旧额（\%）=\frac{固定资产原价-预计残值+预计清理费用}{预计使用寿命}\times 100$$

$$固定资产折旧额=\frac{固定资产折旧额}{固定资产原价}$$

固定资产折旧率，按固定资产折旧范围可分为个别折旧率、

分类折旧率和综合折旧率3种；按固定资产折旧时间的长短可分为月折旧率和年折旧率。企业实际计提折旧时，一般使用个别折旧率和分类折旧率，在编制固定资产折旧计划时，使用综合折旧率。

（2）工作时间法。工作时间法是按预计固定资产使用的时间平均分摊固定资产折旧总额的方法。其计算公式如下。

$$每小时折旧额=\frac{固定资产原价-预计残值+预计清理费用}{预计使用期间可能完成的工作总量}$$

某年(月)折旧额=该项固定资产全年(月)生产时间×每小时折旧额

这种方法适用于某些价值比较高又不经常使用的专用设备。

（3）工作量法。工作量法是根据固定资产预计生产数量平均分摊固定资产折旧总额的方法，其计算公式如下。

$$单位产量折旧额=\frac{固定资产原价-预计残值+预计清理费用}{预计使用工作总量}$$

某年(月)折旧额=该项固定资产全年(月)生产数量×单位产量折旧额

该方法适用于采掘和采伐企业。

（4）年限总额法。年限总额法是指将折旧率用一个递减分数来表示，并根据折旧总额乘以分数来确定年度折旧额的一种方法。折旧总额等于固定资产原价加清理费用减去残值后的余额。递减分数的分母为固定资产使用年限的各年年数之和，称为年限总额。

例如，设备使用年限是5年，则年限总额为：1+2+3+4+5=15。

递减分数的分子为固定资产尚可使用的年限。例如，第一年为5，第二年为4，依次类推。用这种方法计算的年折旧额并不相等，而是逐年递减的，但应计提折旧额不变，其计算公式如下。

$$年折旧额(\%)=\frac{折旧年限-已使用年限}{折旧年限\times(折旧年限+1)2}\times100$$

$$月折旧额=\frac{年折旧率}{12}$$

月折旧额=(固定资产原值-预计净残值)×月折旧额

(5) 双倍余额递减法。双倍余额递减法是在不考虑固定资产残值的情况下，根据每一期期初固定资产账面净值和双倍直线法折旧额计算固定资产折旧的一种方法。计算公式如下。

$$年折旧率=\frac{2}{预计使用年限}\times100\%$$

$$月折旧率=\frac{年折旧率}{12}$$

月折旧额=(固定资产原值-预计净残值)×月折旧率

这种方法没有考虑固定资产的残值收入，因此，不能使固定资产的账面折余价值降低到它的预计残值收入以下，即实行双倍余额递减法计提折旧的固定资产，应当在其固定资产折旧年限到期的最后两年，将固定资产净值扣除预计净残值后的余额平均摊销。

上述5种计算折旧的方法各有特点，但不会影响企业折旧总额，只是隔年推销的份额不同。

二、流动资金的投放与控制

(一) 流动资金的概念和构成项目

流动资金是指企业能够在1年内或超过1年的1个经营周期内变现或者运用的资产。流动资金有两种定义。

1. 广义的流动资金

广义的流动资金指企业全部的流动资产，包括现金、存货(材料、在制品及成品)、应收账款、有价证券、预付款等项目。

以上项目皆属业务经营所必需，故流动资金有一通俗名称——营业周转资金。

2. 狭义的流动资金

狭义的流动资金=流动资产-流动负债，即所谓净流动资金。净流动资金的多寡代表企业的流动地位，净流动资金越多表示净流动资产越多，其短期偿债能力较强，因而其信用地位也较高，在资金市场中筹资较容易，成本也较低。

（二）流动资产的特征

从企业流动资金的周转过程来看，流动资金具有以下特点。

1. 周转速度快

流动资金只经历一个生产经营周期就改变其实物形态，并将其全部价值转移到产品中去，通过销售得到回收。

2. 变现能力强

各种形态的流动资产都可以在较短的时间内出售或者变卖。这是企业对外偿还债务的重要保证。

3. 形态多样并同时存在

在周转过程中，依次改变形态，如现金或存款、各种材料、在产品、产成品、各种应收款等，且各个形态同时并存。

（三）流动资产的管理

流动资产的管理可以分为货币资产的管理、债权资产的管理、存货资产的管理。

1. 货币资产的管理

企业的货币资产的管理主要是银行存款的管理和企业现金的管理。企业拥有大量的货币资产意味着具有较强的偿债能力和承担风险的能力。从理论上讲，企业不应保持货币资产，因为货币资产的存在，说明了这部分资金尚未投入生产，从而未能够增值。但是，企业又必须保持一定的货币资产，因为企业存在着交易动机和预防动机。如随时购买原材料、支付工资、缴纳税金等；或者预防意外事件的发生而不致影响生产。适量货币资产，可以获得采购货物的现金折扣，维持企业的信用地位。各种物资的市场价格在随时变化，有充分的货币资金，可以抓住有利的商业机会。

2. 债权资产的管理

债权资产是指销售过程中所形成的未来收取款项的凭据，如各种应收账款和应收票据。随着企业赊销活动的开展，债权资产在整个流动资产中将占有一定比重。但控制其规模，加速其回笼，对加快企业流动资产的运转具有重要意义。企业应运用信用政策的变化，改变或调节债权资产的大小。在此，企业要建立自己的信用标准，即对客户的最低信用要求标准，要评估他们的信用等级，建立健全收款办法。应有专人负责按期催收，建立坏账准备金制度，以防范因坏账而给企业生产活动造成影响。

3. 存货资产的管理

存货资产是企业在生产经营过程中为了销售或耗用而储备的资产。在企业的流动资产中，所占比例最大。对于存货资产的管理，应从3个不同的环节入手。

（1）加强储备存货管理，降低储备存货成本。其核心是让各种材料的储备数量都达到一个合理的额度。通常采用定额如数法，计算出每个存货材料资金的资金定额。

（2）制订生产资金的合理定额，降低生产资金占用。

（3）加强产成品存货管理，减少其占用费用。主要在库存、发运和结算方面加强管理工作。

（四）流动资金周转率

流动资金周转率，是指企业资金活动的频率，也就是企业资金周转的效率。一般来说，企业资金周转率越快，经济效益越高。所以，在企业经营活动分析中，要计算出企业各种资产和资金的周转期，以考察企业资金的动态。

1. 周转率和周转期

周转率是指企业资产或资金在1年中周转的次数；周转期则是资产或资金周转1次所需要的时间，它是逐个分析构成总资金各种资产内容的有力武器。

2. 流动资金周转率

流动资金周转率是反映一定时期内流动资金周转速度，即流动资金周转所用时间的指标。它一般有下列两种表示方法。

（1）周转次数，是指一定时期内流动资金完成的周转次数，其计算公式如下。

$$周转次数=\frac{周转额}{流动资金平均占用额}$$

企业在一定时期内占用流动资金的平均余额越少，而完成的周转总额越多，表示流动资金的周转越快，周转次数越多，也就意味着以较少的流动资金完成了较多的生产任务。流动资金周转率除了用周转次数表示外，也往往用周转1次需要的天数来表示。因为在计划和核算工作中，通常总是以年度或季度为计划期或报告期的，而年、季的时间长度总是固定的。

（2）周转天数，是指流动资金周转一次所需的天数（即周转期），其计算公式如下。

$$周转天数=\frac{计划期日数}{周转次数}=\frac{流动资金平均占用额\times计划日数}{周转额}$$

计算流动资金周转率时的流动资金平均占用额，可按定额流动资产计算，也可按全部流动资产计算。前者计算结果是定额流动资金周转率，后者计算结果是全部流动资金周转率。在计算流动资金周转率时，可用计划数字，也可用实际数字。根据计划数字计算的，称为流动资金计划周转率；根据实际数字计算的，称为流动资金实际周转率。由于全部流动资金没有计划定额，在计算计划周转率时，只有定额流动资金周转率，没有全部流动资金周转率。在计算定额流动资金周转率时的流动资金平均占用额，即为流动资金定额数。在计算定额或全部流动资金实际周转率时，流动资金平均占用额为年度（季度）内各月定额或全部流动资产平均占用额的平均数。各月流动资产平均占用额为月初、月末流动资产余额的平均数。

三、无形资产的投放与控制

（一）无形资产的概念

无形资产是指企业能够长期使用，但不具备实物形态的资产。包括专利权、非专利技术、商标权、著作权、土地使用权、商誉等。它是由特定主体控制的，不具有独立实体，对生产经营与服务能提供某种权利、特权或优势，并持续发挥作用且能带来经济利益的一切经济资源。随着科学技术的进步和市场竞争的加剧，无形资产对企业越来越重要，企业对无形资产的投资也越来越多。

资产满足下列条件之一的，符合无形资产定义中的可辨认性标准。

(1) 能够从企业中分离或者划分出来，并能够单独或者与相关合同、资产或负债一起，用于出售、转移、授予许可、租赁或者交换。

(2) 源自合同性权利或其他法定权利，无论这些权利是否可以从企业或其他权利和义务中转移或者分离。

无形资产主要包括专利权、非专利技术、商标权、著作权、土地使用权、特许权等。商誉的存在无法与企业自身分离，不具有可辨认性，不属于本章所指无形资产。

（二）无形资产的特点

1. 非实体性

一方面，无形资产没有人们感官可感触的物质形态，只能从

观念上感觉它。它或者表现为人们心目中的一种形象，或者以特许权形式表现为社会关系范畴；另一方面，它在使用过程中没有有形损耗，报废时也无残值。

2. 垄断性

无形资产的垄断性表现在以下几个方面：有些无形资产在法律制度的保护下，禁止非持有人无偿地取得；排斥他人的非法竞争，如专利权、商标权等；有些无形资产的独占权虽不受法律保护，但只要能确保秘密不泄露于外界，实际上也能独占，如专有技术、秘诀等；还有些无形资产不能与企业整体分离，除非整个企业产权转让，否则，别人无法获得，如商业信誉。

3. 不确定性

一方面，无形资产的有效期受技术进步和市场变化的影响很难准确确定；另一方面，由于有效期不稳定。

4. 共享性

共享性是指无形资产有偿转让后，可以由几个主体同时共有，而固定资产和流动资产不可能同时在两个或两个以上的企业中使用，例如，商标权受让企业可以使用，同时，出让企业也可以使用。

5. 高效性

无形资产能给企业带来远远高于其成本的经济效益。企业无形资产越丰富，则其获利能力越强，反之，企业的无形资产短缺，则企业的获利能力就弱，市场竞争力也就越差。

（三）无形资产的计价

只有当进行新的投资活动时，并且无形资产被当作资本金进行投资时，才会出现无形资产的计价问题。对于知识产权和专有技术的价格影响因素有使用年限、是独占还是通用、是可转让还是不可转让、先进性与实用性等。

一般来说，凡购入的，按实际支付价款计；自主开发的，按开发过程的实际支出计；接受捐赠的，按发票面额计。

（四）无形资产的年限确定

由于无形资产的摊销涉及摊销年限，而有效期限的确定一般比较复杂，但大多按以下原则进行：其一是有明确的法律规定的，则按规定计；其二是无法律规定的，则按合同或申请书中所规定的有效期限计；其三是均未规定时，按不少于10年期限计。

（五）无形资产的摊销

作为企业的一个长期性资产，会在较长的时间内给企业带来收益。为了使收入和费用能合理地加以配比，必须对其在有效期内进行摊销。

在已知其成本和年限的基础上，则按照使用年限法进行（即直线法）摊销，不存在残值问题。

年摊销额=无形资产原值/有效使用年限

第四节　企业资金回收与风险资金退出

一、资金回收方式

资金回收是指企业取得经营收入，收回垫支资金。在正常情况下，资金回收额要大于资金耗费额，这个差额就是企业实现的生产经营成果。资金的顺利回收，既是补偿资金耗费的必要，又是再生产得以为继的前提。

（一）长期投资的回收

1. 有形固定资产投资的回收

企业投资于有形固定资产上的资金一般采取分期回收的方式，按月以折旧费的形式计入产品成本，通过产品销售从销售收入中得到补偿。固定资产投资还可以通过有偿调出、按规定变价出售，或对外出租获取租金收入而回收。此外，在固定资产报废

清理过程中，残值收入扣除清理费用后的净收入也是其资金回收的1种方式。

2. 无形资产投资的回收

一般通过分期摊销其价值计入产品成本，从销售收入中补偿。无形资产的投资也可以通过转让而回收。

3. 向联营企业投资的回收

国营工业企业可以将闲置的厂房、设备，多余的材料，结余的更新改造基金、生产发展基金等专用基金，以及银行借款向其他单位投资，进行联合经营。这些投资都在不同意义上花费了资金成本，而资金回收方式是从联营企业分来利润。通过这种方式回收多少资金，决定于联营企业的盈亏情况。如果联营期满或因其他特殊原因从联营企业退回资金，到本企业的资金仍按本企业的回收方式继续回收。除向联营企业投资以外，向中外合资经营企业投资回收也是如此。

4. 长期证券投资的回收

企业投资于长期证券的资金，如购买国库券、其他企业的股票、债券等，其资金回收方式主要有：①国库券、债券等利息收入；②股利收入；③证券转让收入；④国库券、债券到期收回本金。

（二）短期投资的回收

1. 短期证券投资的回收

与长期证券投资的回收类似，一般通过获取投资收入、转让投资以及到期收回本金的方式回收资金。

2. 材料投资的回收

企业投资于材料上的资金主要通过生产过程中的资金耗费，将其价值转移到所生产的产品成本中，然后通过产品销售从销售收入中回收。材料投资有时也可以通过材料销售、废料回收等方式回收。

3. 低值易耗品资金的回收

低值易耗品资金的回收方式主要有：①采用一定的摊销方法将其价值转移到所生产的产品成本中，最后通过产品销售，从获取的销售收入中回收；②低值易耗品的变价处理收入；③低值易耗品报废时的残值收入（扣除清理费用后的净额）。

4. 包装物资金的回收

包装物资金的回收有以下几种方式。①从产品销售收入中回收。如生产产品的包装物计入生产成本，在销售过程中包装产成品的包装物计入销售及其他费用，出借包装物的摊销计入产品销售成本，最后都从产品销售收入中补偿。②从其他销售收入中回收。如随同产品出售，单独计价的包装物成本以及出租包装物摊销，均从其他销售收入中补偿。③出租或出借包装物不能返还时，应从没收的押金收入中补偿。④包装物报废残值，从残值收入中补偿。

5. 其他资金回收

生产经营过程中耗费的其他资金如用货币资金支付的生产工人工资、车间经费、企业管理费、销售及其他费用等，属于产品成本的构成内容，均从产品销售收入中补偿。

二、风险资金的退出

风险投资又称创业投资，是指通过向开发高新技术或使其产业化的中小高科技企业提供股权资本，通过股权转让（交易）收回投资的行为。风险投资一般不以控股和分红为目的，而是通过资本与管理投入，在企业的成长中促进资本增值，并且在退出时实现收益变现，再寻找新的投资对象。一方面，风险投资行为是市场行为，其最终目的是营利，为了实现这种大大超过一般投资行为所带来的高收益，需要有一个可靠的投资退出机制。从另一方面看，风险投资是以资本增值的形式取得投资报酬，不断循

环运动是风险投资的生命力所在。因此，退出机制是风险投资业的中心环节，没有便捷的退出渠道就无法补偿风险资本承担的高风险。其根据被投资企业经营状况和外部投资环境的不同，有以下 6 种不同的方式。

（一）公开上市（创业板、中小板、主板等）

公开上市，是指企业第一次向社会公众发行股票，是风险资本最主要的也是最理想的一种退出方式，大约有 30%的创业资本的退出都采用这种方式。

1. 优点

股票公开发行是金融市场对公司发展业绩的一种确认；保持了公司的独立性，容易受到管理层的欢迎；通过股票上市可以让风险投资机构获得丰厚的收益；公开上市的公司可以获得证券市场上持续筹资的渠道；使公司的期权奖励较易兑现；创业者可得到丰厚的回报。

2. 缺点

出于保护公共投资者的目的，各国法律多规定公开上市的企业必须达到一定的条件，虽然这些条件相对主板而言要低得多，但仍有很多企业因不能达到要求而无法公开上市；上市后成为公众公司，需要定期地披露大量的内部情况，使竞争对手对其经营状况掌握较多；上市公司要严格遵守法律规定的报告要求，特别是证券交易委员会的要求，而且还须向股东提供规定的信息，从而公司在报告、审计上要多花时间和增加开销；一旦业绩下滑，股民会争相抛售股票，使得股价一路下跌；根据有关法律规定，企业首次公开上市之后，不能立即售出它所持有的全部股份，必须在规定的（通常是 4 年）一段时间后才能逐步售出，因此，风险资本的退出并不是立即的，且当股市不振时，这种退出方式难以获得高额回报。

(二) 买壳上市或借壳上市

买壳上市与借壳上市是较高级形态的资本运营现象，对于因为不满足公开上市条件而不能直接通过公开上市方式顺利退出投资领域的风险资本来说，这是一种很好的退出方式。

借壳上市是指上市公司的控股母公司（集团公司）借助已拥有的上市公司，通过资产重组将自己的优质资产注入上市公司，并逐步实现集团公司整体上市的目的，然后风险资本再通过市场逐步退出。

买壳上市是指非上市公司通过证券市场收购上市公司的股权，从而控制上市公司，再通过各种方式，向上市公司注入自己的资产和业务，达到间接上市的目的，然后风险资本再通过市场逐步退出。

1. 优点

(1) 可以绕过公开上市市场对上市企业的各种要求，间接实现上市目的。

(2) 获得新的融资渠道，通过配售新股可以低成本融资，缓解资金压力。

(3) 在买壳上市或借壳上市时由于股票二级市场的炒作，会带来巨大的收益。

2. 缺点

(1) 不管是二级市场公开收购还是非流通股的有偿转让都需要上市公司大股东的配合，否则，会增加收购成本与收购难度。

(2)“壳”目标大都是一些经营困难的上市公司，在借“壳”上市后，一般不能立即发行新股，不仅如此，还要承担改良原上市公司资产的责任，负担较重。

(三) 并购退出方式

资本可以通过由另一家企业兼并收购风险资本所投资的企业

来退出。随着市场对高新技术需求的增加和人们越来越认识到发展高新技术产业的重要性，这种渠道的退出方式会采用得越来越多，因为，风险企业发展到一定阶段后，各种风险不断减少，技术、市场优势已培养出来，企业前景日趋明朗，此时，想进入这一领域的其他公司将会非常乐意用收购的办法介入。就风险投资家而言，考虑到通过公开上市方式需在一段时间以后才能完全从风险企业中退出，他们也会考虑采用更为快捷的并购方式。在我国采用此种方式退出是目前较为常见的。

1. 优点

程序简单，退出迅速，较容易找到买家，交易比较灵活。

2. 缺点

收益较公开上市要低，且风险公司一旦被一家大公司收购后就不能保持其独立性，公司管理层将会受到影响。

（四）风险企业回购

被其他公司并购，意味着原来的风险企业将会失去独立性，公司的经营也常常会受到影响，这是公司管理层所不愿看到的，因此，将风险企业出售给其他企业有时会遇到来自风险企业管理层和员工的阻力。而采用风险企业管理层或员工进行股权回购的方式，既可以让风险资本顺利退出，又可以避免由于风险资本退出给企业运营带来太大的影响。由于企业回购对投资双方都有一定的诱惑力，因此，这种退出方式发展很快。主要有 3 种退出方式：管理层收购（MBO）、员工收购、卖股期权与买股期权。

1. 优点

可以保持公司的独立性，避免因风险资本的退出给企业运营带来大的“震动”；企业家可以由此获得已经壮大了的企业的所有权和控制权。

2. 缺点

要求管理层能够找到好的融资杠杆，为回购提供资金支持。

(五) 寻找第二期收购

通过第一期收购是出售股份的一种退出方式，它指将股权一次性转让给另一家风险投资公司，由其接手第二期收购。如果原来的风险投资公司只出售部分股权，则原有投资部分实现流动，并和新投资一起形成投资组合，如果完全转让，原始风险投资公司全部退出，但风险资本并没有从风险企业中撤出，企业不会受到撤资的冲击。

1. 优点

风险投资公司退出灵活；转换的只是不同的风险投资者。

2. 缺点

可能会遭遇公司管理层的抵触。

(六) 清算退出

对于已确认项目失败的风险资本应尽早采用清算方式退回以尽可能多地收回残留资本。其操作方式分为亏损清偿和亏损注销两种。

并不是所有投资失败的企业都会进行破产清算，申请破产并进行清算是有成本的，而且还要经过耗时长、较为复杂的法律程序，如果一个失败的投资项目没有其他的债务，或者虽有少量的其他债务，但是债权人不予追究，那么，一些风险资本家和风险企业家不会申请破产，而是会采用其他的方法来经营，并通过协商等方式决定企业残值的分配。

1. 优点

阻止损失进一步扩大或资金低效益运营。

2. 缺点

资金的收益率通常为负。据统计，这种方法一般仅仅收回原投资额的64%。

【案例】

阿里巴巴融资分析

（一）创业伊始，第一笔风险投资救急

1999年年初，马云决定回到杭州市创办一家能为全世界中小企业服务的电子商务站点。回到杭州市后，马云和最初的创业团队开始谋划一次轰轰烈烈的创业。大家集资了50万元，在马云位于杭州市湖畔花园的100多平方米的家里，阿里巴巴诞生了。

这个创业团队里除马云外，还有他的妻子，他当老师时的同事、学生以及被他吸引来的精英。马云当时对他们所有人说："我们要办的是一家电子商务公司，我们的目标有3个：第一，我们要建立一家生存一两百年的公司；第二，我们要建立一家为中国中小企业服务的电子商务公司；第三，我们要建成世界上最大的电子商务公司，要进入全球网站排名前10位。"狂言狂语在某种意义上来说，只是当时阿里巴巴的生存技巧而已。

阿里巴巴成立初期，公司是小到不能再小，18个创业者往往是身兼数职。好在网站的建立让阿里巴巴开始逐渐被很多人知道。来自美国的《商业周刊》还有英文版的《南华早报》最早主动报道了阿里巴巴，并且令这个名不见经传的小网站开始在海外有了一定的名气。

有了一定名气的阿里巴巴很快也面临资金的瓶颈：公司账上没钱了。当时马云开始去见一些投资者，但是他并不是有钱就要，而是精挑细选。即使囊中羞涩，他还是拒绝了38家投资商。马云后来表示，他希望阿里巴巴的第一笔风险投资除了带来钱以外，还能带来更多的非资金要素，例如，进一步的风险投资和其他的海外资源，而被拒绝的这些投资者并不能给他带来这些。

就在这个时候，现在担任阿里巴巴CEO的蔡崇信的一个在投行高盛的旧关系为阿里巴巴解了燃眉之急。以高盛为主的一批投资银行向阿里巴巴投资了500万美元。这一笔“天使基金”让马云喘了口气。

(二) 第二轮投资，挺过互联网寒冬

更让他预料不到的是，更大的投资者也注意到了马云和阿里巴巴。1999年秋，日本软银总裁孙正义约见了马云。孙正义当时是亚洲首富。孙正义直截了当地问马云想要多少钱，而马云的回答却是他不需要钱。孙正义反问道:“不缺钱，你来找我干什么?”马云的回答却是：“又不是我要找你，是人家叫我来见你的。”

这个经典的回答并没有触怒孙正义。第一次见面之后，马云和蔡崇信很快就在东京又见到了孙正义。孙正义表示将给阿里巴巴投资3 000万美元，占30%的股份。但是马云认为，钱还是太多了，经过6分钟的思考，马云最终确定了2 000万美元的软银投资，阿里巴巴管理团队仍绝对控股。

从2000年4月起，纳斯达克指数开始暴跌，长达两年的熊市寒冬开始了，很多互联网公司陷入困境，甚至关门大吉。但是阿里巴巴却安然无恙，很重要的一个原因是阿里巴巴获得了2 500万美元的中小企业融资。

(三) 第三轮中小企业融资，完成上市目标

2004年2月17日，马云在北京宣布，阿里巴巴再获8 200万美元的巨额战略投资。这笔投资是当时国内互联网金额最大的一笔私募投资。2005年8月，雅虎、软银又向阿里巴巴投资数亿美元。之后，阿里巴巴创办淘宝网，创办支付宝，收购雅虎中国，创办阿里软件。一直到阿里巴巴上市。

2007年11月6日，全球最大的B2B公司阿里巴巴在香港联交所正式挂牌上市，正式登上全球资本市场舞台。随着这家B2B航母登陆香港资本市场，此前一直受外界争论的“B2B能不能成

为一种商务模式”也有了结果。11月6日10时，港交所开盘，阿里巴巴以30港元，较发行价13.5港元涨122%的高价拉开上市序幕。小幅震荡企稳后，一路单边上冲。最后以39.5港元收盘，较发行价涨了192.59%，成为香港上市公司上市首日涨幅最高的“新股王”，创下香港7年以来科技网络股神话。当日，阿里巴巴交易笔数达到14.4万多宗。输入交易系统的买卖盘为24.7万宗，两项数据都打破了工商银行2006年10月创造的纪录。按收盘价估算，阿里巴巴市值约280亿美元，超过百度、腾讯，成为中国市值最大的互联网公司。

在此次全球发售过程中，阿里巴巴共发行了8.59亿股，占已发行50.5亿总股数的17%。按每股13.5港元计算，共计中小企业融资116亿港元（约15亿美元）。加上当天1.13亿股超额配股权获全部行使，中小企业融资额将达131亿港元（约16.95亿美元），接近谷歌纪录（2003年8月，谷歌上市中小企业融资19亿美元）。阿里巴巴的上市，成就了全球互联网业第二大规模中小企业融资。

（四）风险投资，大赚一把

作为阿里巴巴集团的两个大股东，雅虎和软银在阿里巴巴上市当天账面上获得了巨额的回报。阿里巴巴招股说明书显示，软银持有阿里巴巴集团29.3%股份，而在行使完超额配售权之后，阿里巴巴集团还拥有阿里巴巴公司72.8%的控股权。由此推算，软银间接持有阿里巴巴21.33%的股份。到收盘时，阿里巴巴股价达到39.5港元，市值飙升至1 980亿港元（约260亿美元），软银间接持有的阿里巴巴股权价值55.45亿美元。若再加上2005年雅虎入股时曾套现1.8亿美元，软银当初投资阿里巴巴集团的8 000万美元如今回报率已高达71倍。

2000年，马云为阿里巴巴引进第二笔中小企业融资，2 500万美元的投资来自软银、富达、汇亚资金、TDF、瑞典投资等6

家风险投资商，其中，软银为2 000万美元，阿里巴巴管理团队仍绝对控股。

2004年2月，阿里巴巴第三次进行中小企业融资，再从软银等风险投资商手中募集到8 200万美元，其中，软银出资6 000万美元。马云及其创业团队仍然是阿里巴巴的第一大股东，占47%股份；第二大股东为软银，约占20%；富达约占18%；其他几家股东合计约占15%。

第八章　农产品营销管理

第一节　农产品

一、产品整体概念及分类

（一）产品与农产品

产品是指能够提供给市场被人们使用和消费并满足人们某种需要的任何东西，包括有形的物品、服务、人员、组织、观念或他们的组合。对农产品的定义目前多种多样，说法不一，国内如此，国际也尚无统一定论。按照国际公认和国内普遍认可的观点，农产品是指动物、植物、微生物产品及其直接加工品，包括食用和非食用两个方面。

（二）整体产品

人们通常理解的产品是指具有某种特定物质形状和用途的物品，是看得见、摸得着的东西，这是一种狭义的定义。市场营销学认为，广义的产品是指人们通过购买而获得的能够满足某种需求和欲望的物品的总和，它既包括具有物质形态的产品实体，又包括非物质形态的利益，这就是“产品的整体概念”。

1. 核心产品

核心产品也称实质产品，指产品能够提供给购买者的基本效用或益处，是购买者所追求的中心内容。如买自行车是为了代步，买汉堡是为了充饥，买化妆品是希望美丽、体现气质、增加魅力等。因此，企业在开发产品、宣传产品时应明确地确定产品能提供的利益，产品才具有吸引力。

2. 有形产品

有形产品是产品在市场上出现时的具体物质外形，它是产品的形体、外壳，核心产品只有通过有形产品才能体现出来。产品的有形特征主要指质量、款式、特色、包装。如冰箱，有形产品不仅仅指电冰箱的制冷功能，还包括它的质量、造型、颜色、容量等。

3. 附加产品

附加产品指顾客购买产品所得到的各种附加利益的总和。它包括安装、使用指导、质量保证、维修等售前售后服务。由于产品的消费是一个连续的过程，既需要售前宣传产品，又需要售后持久、稳定地发挥效用，因此，服务是不能少的。可见，随着市场竞争的激烈展开和用户要求的不断提高，附加产品将成为竞争获胜越来越重要的手段。

(三) 农产品的特点

农产品与其他商品相比，具有下列特点。

1. 品种繁多、数量庞大

粮食、油料、蔬菜、水果、家禽、家畜等都属于农产品，而且每种产品的数量庞大。

2. 对销售渠道功能要求高

很多农产品都是生鲜产品、保质期短，因此，对销售渠道的要求高。

3. 生产的地域性与消费的普遍性的矛盾

农产品的生产具有地域性，但对于各种农产品的消费则具有普遍性。例如，吐鲁番的葡萄生产在新疆吐鲁番地区，但是全国各地的消费者都有消费吐鲁番葡萄的需求，因此，需要将地域性的产品运销各地。

4. 产量不稳定

受自然条件的制约和影响，产量不稳定，有供给与需求之间的矛盾。

二、农产品包装策略

（一）包装的概念与作用

1. 包装的概念

产品包装有两层含义：一是指用不同的容器或物件对产品进行捆扎；二是指包装用的容器或一切物件。包装通常有 3 个层次：第一层次是内包装，它是直接接触产品的包裹物，如酒瓶、香水瓶、牙膏皮等；第二层次是中包装，它是保护内包装物的包裹物，当产品被使用时，它就被丢弃，如香水瓶、牙膏等外面的盒子等，而中包装同时也可以起到促销的作用；第三层是外包装，即供产品储存、辨认所需要的包裹物，如装一打香水的硬纸盒等。

2. 包装的作用

（1）保护商品。这是包装最主要的目的和最基本的功能。在商品的流通和使用过程中，通过包装可以起到防止各种损坏的作用，如防止破损、散失、变质、挥发、污染、虫蛀、鼠咬等。包装还可保证商品的清洁卫生和安全，从而保护产品的使用价值。

（2）便于储运。有的商品外形不固定，或者是液态、气态，或者是粉状，若不进行包装，则无法运输和储藏。

（3）便于使用。包装可起到指导消费者和方便使用的作用。对消费者来说，包装上的说明、注意事项等对于产品的正确使用和合理保存，具有重要意义。

（4）促进销售。商品给消费者的第一印象，不是来自产品的内在质量，而是它的外观包装。产品包装美观大方、漂亮得体，能吸引消费者，并激发消费者的购买欲望。

(5) 增加价值。如果包装设计动人美观，能给商品树立起高贵的形象，使用户愿意支付较高的价格购买产品，从而使企业增加利润。

(二) 包装的原则

1. 适用原则

包装的主要目的是保护商品。因此，首先，要根据产品的不同性质和特点，合理地选用包装材料和包装技术，确保产品不损坏、不变质、不变形等，尽量使用符合环保标准的包装材料；其次，要合理设计包装，便于运输；再次，包装应与商品的价值或质量相适应，应能显示商品的特点或独特风格，最后，方便消费者购买、携带和使用。

2. 美观原则

销售包装具有美化商品的作用，因此，在设计上要求外形新颖、大方、美观，具有较强的艺术性。但值得注意的是，包装装潢上的文字、图案、色彩等不能和目标市场的风俗习惯、宗教信仰发生抵触。

3. 经济原则

在符合营销策略的前提下，应尽量降低包装成本。

三、产品生命周期理论

产品生命周期是指产品从进入市场到退出市场所经历的市场生命循环过程。产品只有经过研究开发、试销，然后进入市场，它的市场生命周期才算开始。产品退出市场，标志着其生命周期的结束。在现代市场经济条件下，企业不能只埋头生产和销售现有产品，而必须随着产品生命周期的发展变化，灵活调整营销方案，并且重视新产品开发，及时用新产品代替老产品。

(一) 产品生命周期阶段

典型的产品生命周期一般可分为4个阶段，即介绍期、成长期、成熟期和衰退期。

1. 介绍期

新产品投入市场，便进入介绍期。此时，顾客对产品还不了解，只有少数追求新奇的顾客可能购买，所以，销售量很低。为了扩展销路，需要大量的促销费用来对产品进行宣传。在这一阶段，由于技术方面的原因，产品不能大批量生产，因而成本高，销售额增长缓慢，企业不但得不到利润，反而可能亏损。

2. 成长期

当产品在介绍期的销售取得成功以后，便进入成长期。这时顾客对产品已经熟悉，大量的新顾客开始购买该产品，市场逐步扩大。产品已具备大批量生产的条件，生产成本相对降低，企业的销售额迅速上升，利润也迅速增长。在这一阶段，竞争者看到有利可图，将纷纷进入市场参与竞争，使同类产品供给量增加，价格随之下降，企业利润增长速度逐步减慢。

3. 成熟期

经过成长期以后，需求时常趋于饱和，潜在的顾客已经很少，销售额增长缓慢直至转而下降，标志着产品进入了成熟期。在这一阶段，竞争逐渐加剧，产品销售量降低，促销费用增加，企业利润下降。

4. 衰退期

随着科学技术的发展，新产品或新的代用品出现，将使顾客的消费习惯发生改变，转向其他产品，从而使原来产品的销售额和利润额迅速下降。于是，产品进入了衰退期。

(二) 产品生命周期策略

1. 介绍期营销策略

介绍期开始于新产品在市场上普遍销售之时。新产品进入介绍期以前，需要经历开发、研制、试销等过程。进入介绍期的产品的市场特点是：产品销量少，促销费用高，制造成本高，销售利润常常很低甚至为负值。在这一阶段，促销费用很高，支付费用的目的是要建立完善的分销渠道。促销活动的主要目的是介绍产品，吸引消费者试用。

在产品的介绍期，一般可由价格、促销费用、地点等因素组合成各种不同的营销策略，若仅仅考察促销费用和价格两个因素，则至少有以下 4 种策略（图 8-1）。

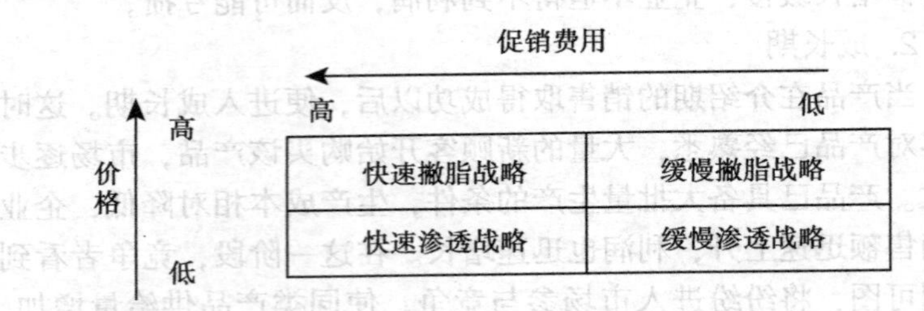

图 8-1　介绍期营销策略

（1）快速撇脂策略。这种策略采用高价格、高促销费用方式，以求扩大销售量，取得较高的市场占有率。

（2）缓慢撇脂策略。以高价格、低促销费用的形式进行经营，以求得到更多的利润。

（3）快速渗透策略。实行低价格、高促销费用的策略，迅速打人市场，取得尽可能高的市场占有率。

（4）缓慢渗透策略。以低价格、低促销费用来推出新产品。

2. 成长期营销策略

新产品经过市场介绍期以后，消费者对该产品已经熟悉，消费习惯已经形成，销售量迅速增长，这种新产品就进入了成长期。

随着竞争的加剧，新的产品特性开始出现，产品市场开始细分，分销渠道增加。企业为维持市场的继续成长需要保持或稍微增加促销费用，但由于销量增加，平均促销费用有所下降。

针对成长期的特点，企业为维持市场增长率，延长获取最大利润的时间，可以采取下面几种营销策略。

（1）改善产品品质。如增加新的功能、改变产品款式等。对产品进行改进，可以提高产品的竞争能力，满足顾客更广泛的需求，吸引更多的顾客。

（2）寻找新的子市场。通过市场细分，找到新的尚未满足的子市场，根据其需要组织生产，迅速进入这一新的市场。

（3）改变广告宣传的重点。把广告宣传的重心从介绍产品转到建立产品形象上来，树立产品品牌，维系老顾客，吸引新顾客，使产品形象深入人心。

（4）适时降价。在适当的时机，可以采取降价策略，以激发那些对价格比较敏感的消费者产生购买动机和采取购买行动。

3. 成熟期营销策略

产品经过成长期的一段时间以后，销售量的增长速度会放慢，利润开始缓慢下降，这表明产品已开始走向成熟期。

对成熟期的产品，只能采取主动出击的策略，使其成熟期延长，或使产品生命周期出现再循环。为此，可以采取以下 3 种策略。

（1）调整市场。这种策略不是要调整产品本身，而是发现产品的新用途或改变推销方式等，以使产品销售量得以扩大。

（2）调整产品。这种策略是以产品自身的调整来满足顾客的不同需要，以吸引有不同需求的顾客。整体产品概念的任何一层次的调整都可视为产品再推销。

（3）调整营销组合。这种策略是通过对产品、定价、渠道、促销等营销组合因素加以综合调整，刺激销售量的回升。

4. 衰退期营销策略

在成熟期，产品的销售量从缓慢增加达到顶峰后，会发展为缓慢下降。一般情况下，如果销售量的下降速度开始加剧，利润水平很低，就可以认为这种产品已进入生命周期的衰退期。

衰退期的主要特点是：产品销售量急剧下降；企业从这种产品中获得的利润很低甚至为零；大量的竞争者退出市场；消费者的消费习惯已发生改变；等等。面对处于衰退期的产品，企业需要进行认真的研究，决定采用什么策略及在什么时间退出市场。

第二节　农产品定价策略

一、影响农产品价格的因素

农产品价格普遍偏低，同类产品的价格差别不大，再加上农产品自身的特殊性，农产品的定价策略要充分考虑各种因素，遵循优质优价的原则，优质农产品、特色农产品实行高价，树立价格差异，通过高价策略获得竞争优势。

（一）成本因素

产品从原材料到成品要经过一系列复杂的过程，在这个过程中必定要耗费一定的资金和劳动，这种在产品的生产经营中所产生的实际耗费的货币表现就是成本，它是产品价值的基础，也是制定产品价格的最低经济界限，是维持简单再生产和经营活动的基础和前提。从成本上来看，农产品有土地、水资源、化肥以及各类其他生产成本。具体而言，农产品的生产成本包括如下。

（1）购买种子或者种畜的费用。

（2）生产成本。对于种植业来说，需要买化肥、农药、农机设备、抗旱用水用电等。如果是种植大棚蔬菜或者花卉，要花钱建大棚，要用电用煤用水等；对于养殖业来说，需要修建围

栏、网箱、房舍，要准备饲料，要进行防疫等。

（3）生产人工成本。就是在生产过程中所要花的人工钱。如果是种植业，包括请人种植、收割、搬运等费用；如果是养殖业，包括请人养殖、请人进行防疫、运输等费用。

（4）其他各项支出包括农产品的流通成本等。农产品的流通成本助推了农产品价格的上升。农产品物流成本的增加，使得消费者最终要面对农产品价格上升的形势。

（二）市场需求

市场需求对企业定价有着重要影响，而需求量又受价格变动的影响，一般表现为价格提高，需求量降低；价格降低，则需求量升高。这是供求规律作用的结果。产品的价格变动对需求量的影响程度称为需求价格弹性，其计算公式为：

需求价格弹性系数=需求量变动的百分比÷价格变动的百分比

该计算公式表示假如产品价格变动1%，将会引起该产品需求量变动的百分比。不同产品的需求价格弹性不同，因此，制定价格时要考虑具体产品的需求弹性大小。

（三）竞争状况

各行业不同的竞争状况会影响到企业的定价能力。

1. 在完全竞争状态下

价格由供求关系决定，企业没有定价权，只是价格接受者，必须维持流行水准价格。

2. 在完全垄断状态下

一个行业只有一家企业，没有替代品，可以在法律允许的范围内制定一个较高的价格。

3. 在垄断竞争状态下

行业特点是既有垄断又有竞争，因为该行业的产品满足人们同一种需求且产品形式相同，因此，彼此竞争，但是产品之间存在差别，各有特色，导致了部分垄断的可能性，企业就可以根据人们对产品差异性的偏好程度制定价格。

因此，在这种竞争环境下，企业短期内可以控制价格，定价的高度以顾客愿意为差异化支付的代价为限。但是从长期来看，价格仍然取决于供求关系，因为产品之间有替代关系，而且某种特色很容易模仿，使原有企业失去优势。

4. 在寡头垄断状态下

在此状态下，几家大企业生产和销售了整个行业的大部分产品。由于竞争只在几家大企业之间进行，他们之间是相互依存、相互影响的关系，其中，一家企业效益的好坏不仅取决于自已，同时，又受制于竞争对手的反应。各寡头为达到利益均沾，防止两败俱伤，常就有关价格、销售数量、销售地区达成默契，形成默契价格。

(四) 消费者心理

消费者心理是影响企业定价的一个重要因素。无论哪种消费者，在消费过程中，必然会产生复杂的心理活动来指导自己的消费行为。面对不太熟悉的商品，消费者常常从价格上判断商品的好坏，认为高价高质。在大多数情况下，市场需求与价格呈反向关系，即价格升高，市场需求降低；价格降低，市场需求增加。但在某些情况下，由于受消费者心理的影响，会出现完全相反的反应。如“非典”初发期，白醋、板蓝根等商品的大幅涨价反而引起了人们的抢购。因此，在研究消费者心理对定价的影响时，要持谨慎态度，要仔细了解消费者心理及其变化规律。

(五) 法律限制

企业制定价格要受到国家有关法律的限制，各个国家都制定了一些有关物价的政策法规，如《中华人民共和国价格法》对凡属于政府定价的商品都明确规定了具体价格，属于政府指导价的商品，规定了基准价和浮动幅度，属于市场价格范围的商品由

企业自行定价。

（六）定价目标

定价目标是指企业通过制定及实施价格策略所希望达到的目的。任何企业制定价格，都必须按照企业的目标市场战略及市场定位战略的要求来进行，定价目标必须在整体营销战略目标的指导下来确定，而不能相互冲突。由于定价应考虑的因素较多，定价目标也多种多样，不同企业可能有不同的定价目标，同一企业在不同时期也可能有不同的定价目标，企业应当权衡各个目标的依据及利弊，谨慎加以选择。企业常见的定价目标有如下4种。

1. 生存目标

在企业营销环境发生重大变化，难以按正常价格出售产品的情况下，企业有时将生存目标作为自己的定价目标。这是企业为了避免受到更大冲击造成倒闭等严重后果而采取的一种过渡性策略。如在企业产量过剩、面临激烈竞争、试图改变消费者需求时，企业需要制定较低的价格，以确保工厂继续开工和使存货出手。在这种状况下，生存比起利润来优先受到考虑。只要价格能弥补可变成本和一些固定成本，企业的生存便可得以维持。在价格敏感型的市场中，这种定价目标更容易实现，企业可以以折扣价格、保本价格甚至亏损价格来出售自己的产品，以求促进销售、收回资金、维持营业，为扭转不利状况创造条件、争取必要的时间。

2. 利润目标

获利是企业生存和发展的必要条件，因此，许多企业将利润最大化作为自己的经营目标，并以此来制定价格。最大利润目标是指企业在保证利润最大化的前提下来确定商品的价格。但追求最大利润并不意味着要制定过高的价格，因为企业的盈利是全部收入扣除全部成本费用之后的余额，盈利的大小不仅取决于价格的高低，还取决于合理的价格所形成的需求数量的增加和销售规模的扩大。这需要企业对其需求函数和成本函数都非常了解，然而在实践中却难以精确预测。在这种目标的指引下，公司往往忽视了其他营销组合因素、竞争对手的反应，以及有关价格的政策与法规，从而影响了它的长期效益。

3. 市场占有率目标

市场占有率，又称市场份额，是指企业的销售额占整个行业销售额的百分比，或者是指某企业的某产品在某市场上的销量占同类产品在该市场销售总量的比重。市场占有率是企业经营管理水平和竞争能力的综合表现，提高市场占有率有利于增强企业控制市场的能力从而保证产品的销路，还可以提高企业控制价格水平的能力从而使企业获得较高的利润。作为定价目标，市场占有率与利润的相关性很强，从长期来看，较高的市场占有率必然带来高利润。

4. 质量目标

企业也可以树立在市场上成为产品质量领袖地位这样的目标。企业为了维持产品的质量也必须付出较高的代价，如采用先进的技术、精湛的工艺、优质的原料、独特的配方等，所有这些使得产品在同类产品中脱颖而出。因而企业需要制定一个较高的价格，来弥补高质量产品的高成本，并且可以有更多的资金来加大对产品的科技投入、广告投入、服务投入等，使其成为市场上的常青树。在国际市场上，一件名牌衬衣的价格是普通衬衣的几倍，甚至几十倍。而消费者一旦认可了名牌产品的质量，他们会心甘情愿地付出较高的代价。这种定价目标一般为在同行业中实力较强的企业所采用。

（七）其他因素

除以上因素外，还有其他许多因素也会影响企业价格的制定。如有时企业根据企业理念和企业形象设计的要求，需要对产品价格作出限制。例如，企业为了树立热心公益事业的形象，会

将某些有关公益事业的产品价格定得较低；为了树立高贵的企业形象，将某些产品价格定得较高等。

二、农产品定价的方法

农产品价格的制定可以分为两类，一类由政府定价，农产品生产经营者对所出售的农产品价格没有决策权，如我国长期实行过的粮、棉、油国家统购统销价；另一类是农产品生产经营者定价，依据农产品质量、市场需求等因素决定其价格。本部分主要讨论生产经营者能够自主定价的农产品。

定价方法主要有成本导向定价、需求导向定价和竞争导向定价。

（一）成本导向定价法

1. 总成本加成定价法

总成本加成定价法是指按照单位成本加上一定百分比的加成来制定产品的销售价格，即把所有为生产某种产品而发生的耗费均计入成本的范围，计算单位产品的变动成本，合理分摊相应的固定成本，再按一定的目标利润率来决定价格。

2. 目标收益定价法

目标收益定价法又称投资收益率定价法，是根据生产经营者的总成本或投资总额、预期销量和投资回收期等因素来确定价格。生产经营者试图确定能带来它正在追求的目标投资收益。它是根据估计的总销售收入（销售额）和估计的产量（销售量）来制定价格的一种方法。

3. 盈亏平衡定价法

盈亏平衡定价法又称收支平衡法，是利用收支平衡点来确定产品的价格，即在销量达到一定水平时，生产经营者应如何定价才不至于发生亏损；反过来说便是已知价格在某一水平上，应销售多少产品才能保本。

(二) 需求导向定价法

市场营销观念要求生产经营者的一切生产经营必须以消费者需求为中心，并在产品、价格、分销和促销等方面予以充分体现。基于需求定价方法是根据市场需求状况和消费者对产品的感觉差异来确定价格的方法，又称为市场导向定价法。需求导向定价法主要包括认知价值定价法、需求差别定价法和逆向定价法。

1. 认知价值定价法

认知价值定价法是根据顾客对产品价值的认知程度，即产品在顾客心目中的价值观念为定价依据，运用各种营销策略和手段，影响顾客对产品价值的认知的定价方法。作为定价的关键，不是卖方的成本，而是购买者对价值的认知。生产经营者如果过高地估计认知价值，便会定出偏高的价格；相反，则会定出偏低的价格。同一杯啤酒为何相差 8 元？同一套服饰在不同的服装店中为何差价如此大？其核心就是如何提高消费者对价值的感受心理，塑造品牌形象和消费环境，提高产品的增值服务和产品特色。

品牌农产品应该在维持生存的前提下，通过定价来展现产品品质和品牌形象，使企业健康持续发展。在绿色健康理念指导下，人们更加关注农产品的营养、生产工艺、生长环境，要求品牌农产品能够提供比普通农产品更高的品质，也愿意为此多支付一些费用。例如，河北恩农农业种植园出品有机面粉的特色是“千斤石磨制成，口感营养不流失”，马上便与普通面粉划清了界限——“其他面粉都是机器磨的，我的面粉是采用传统的石磨制成的”，消费者就会产生好奇，毕竟现在很少吃到这样的面粉，而且该特色突出了这种工艺的好处——“口感更好，保全小麦营养”，这样的购买利益点，当然获得消费者的高度认同，价格比普通面粉贵 5 倍，却卖得断货，供不应求。

2. 需求差别定价法

所谓需求差别定价是指通过不同的营销努力，使同种同质的产品在消费者心目中树立起不同的产品形象，进而根据自身特点，选取低于或高于竞争者的价格作为自己产品的价格。首先，这种方法的运用要求营销者具备一定的实力，在某一行业或某一区域市场占有较大的市场份额，消费者能够将其产品质量、功效与自身的实力联系起来。其次，在质量大体相同的情况下，实行差别定价是不现实的，尤其是对于定位为“质优价高”形象的农产品生产经营者来说，需要支付高昂的广告包装等费用。最后，从长远来看，只有通过提高产品的质量，才能真正赢得消费者的信任。

农产品质量差价是指同一农产品在同一市场因质量不同而产生的价格差额。

（1）农产品质量差价的具体形式主要有：品种差价、等级差价、规格差价、鲜度差价、死活差价等。

- 品种差价：同类农产品因品种不同而形成的价格差额。如小麦中的红麦和白麦，苹果中的红香蕉苹果和国光苹果，牛皮中的水牛皮和黄牛皮等，就是以品种不同划分差价的。
- 等级差价：同一种农产品因等级不同而形成的价格差额。不同农产品划分等级的办法和标准不一。稻谷根据出糙率、杂质、水分、色泽分等；棉花根据纤维长度、色泽分等；生猪根据出肉率、瘦肉率或膘度分等。
- 规格差价：同一种农产品因轻重大小、体积不同形成的价格差额。例如，活禽、淡水鱼因重量规格不同而价格不同。
- 鲜度差价：同一种农产品因新鲜程度不同而形成的价格差额。鲜度差价是鲜嫩农产品特有的差价，如水产品、蔬菜、水果等。
- 死活差价：具有生命机体的畜、禽、水产品因死活差别形成的价格差额。活体畜、禽、水产品味鲜色美，营养丰富，死后由于体内有机体的变化，色差味减，营养价值降低。另外，活体畜、禽、水产品在流通过程中为使其延续生命，还要额外支出一些流通费用。这些因素就形成了畜、禽、水产品所特有的死活差价。例如，各种农产品有少量刚刚上市之际，价格定得相对较高；而大批量上市的时候，价格就会下降。

(2) 生产经营者采取差别定价策略的前提条件。

- 市场必须是可以细分的，而且各个细分市场表现出的需求程度不同。
- 细分市场间不会因价格差异而发生转手或转销行为，且各销售区域的市场秩序不会受到破坏。
- 市场细分与控制的费用不应超过价格差别所带来的额外收益。
- 在以较高价销售的细分市场中，竞争者不可能低价竞销。
- 推行这种定价法不会招致顾客的反感、不满和抵触。

(三) 竞争导向定价法

竞争导向定价法，是指主要依据竞争者的价格来定价，或与主要竞争者价格相同，或高于、低于竞争者的价格，这要视产品和需求情况而定。这类定价方法主要有以下几种。

1. 随行就市定价法

所谓随行就市定价法，是指企业按照行业的平均现行价格水平来定价，也称为流行水准定价法。在下述情况下往往采取这种定价方法：该行业难以估算成本；企业打算与同行和平共处；如果企业另行定价，很难了解购买者和竞争者对本企业价格的反应。

不论市场结构是完全竞争的市场，还是寡头垄断的市场，随行就市定价都是同质产品市场的惯用定价方法。在完全竞争的市场上，销售同类产品的诸多企业在定价时实际上没有多少选择余

地，只能按照行业的现行价格来定价。个别企业如果把价格定得高于市价，产品就卖不出去；反之，如果把价格定得低于市价，也会遭到削价竞销。在寡头垄断市场上，各寡头企业也倾向于执行行业现行价格；在行业中有一个绝对领先者时，其他中小企业往往跟随行业领导者的价格定价。

2. 竞争定价法

所谓竞争定价法，是以市场上主要竞争者的价格为定价的基准，同时，考虑企业与竞争者之间的产品特色，制定具有竞争力的产品价格。在异质产品市场上，企业定价有较大的自由度，因为产品差异化使购买者对价格差异的存在不甚敏感。企业相对于竞争者要确定自己的适当位置，或充当高价企业角色，或充当中价企业角色，或充当低价企业角色。总之，竞争导向下的价格，会随着竞争者的价格变动而不断调整，旨在保持企业的竞争力。竞争定价法并非对企业本身的成本及市场需求量完全不重视，而是在成本与需求量上尽量与价格竞争目标相配合，力求成本能支持价格竞争及销售目标，其产品策略及市场营销方案也尽量与之相适应，以应付竞争者的价格竞争。

3. 密封投标定价法

所谓密封投标定价法，是指买方引导卖方通过竞争确定成交价格的一种方法。买方公开招标，卖方密封投标参与定价。这种价格是供货企业根据对竞争者（其他投标人）报价的估计制定的，而不是按照供货企业自己的成本费用或市场需求来制定的。供货企业的目的在于赢得合同，所以，它的报价应低于竞争对手的报价。

三、价格调整策略

（一）心理定价策略

这是一种根据消费者心理要求所使用的定价策略，是运用心理学的原理，依据不同类型的消费者在购买商品时的不同心理要求来制定价格，以诱导消费者购买，扩大企业销售量。

具体策略包括以下6种。

1. 整数定价策略

整数定价策略，是指在定价时，把商品的价格定成整数，不带尾数，使消费者产生“一分钱一分货”的感觉，以满足消费者的某种心理，提高商品的形象。

这种策略主要适应于高档消费品或消费者不太了解的某些商品。例如，一台电视机的定价为2 500元，而不是2 499.98元。

2. 尾数定价策略

尾数定价策略，是指在商品定价时取尾数而不取整数的定价方法，使消费者购买时在心理上产生大为便宜的感觉。如中外零售商常用9作为价格尾数，宁可定99元不定100元，宁可定0.99元也不定1元。

3. 分级定价策略

分级定价策略，是指在定价时，把同类商品分为几个等级，不同等级的商品，其价格有所不同。这种定价策略能使消费者产生货真价实、按质论价的感觉，因而容易被消费者接受。

采用这种定价策略，等级的划分要适当，级差不能太大或太小。否则，起不到应有的分级效果。

4. 声望定价策略

声望定价策略，是指在定价时，把在顾客中有声望的商店、企业的商品的价格定得比一般的商品要高，是根据顾客对某些商品、某些商店或企业的信任心理而使用的价格策略。在长期的市场经营中，有些商店、生产企业的商品在顾客心目中有了威望，认为其产品质量好、服务态度好，不经营伪劣商品、不坑害顾客，等等。因此，这些经营企业的商品定价可以稍高一些。

5. 招徕定价策略

招徕定价策略，是指在多品种经营的企业中，对某些商品定价很低，以吸引顾客，目的是招徕顾客购买低价商品时也购买其他商品，从而带动其他商品的销售。

6. 习惯定价策略

有些商品在顾客心目中已经形成了一个习惯价格。这些商品的价格稍有变动，就会引起顾客不满。提价时，顾客容易产生抵触心理，降价会被认为降低了质量。因此，对于这类商品，企业宁可在商品的内容、包装、容量等方面进行调整，也不采用调价的办法。

（二）价格折扣与折让策略

价格折扣与折让，是指企业为了更有效地吸引顾客，扩大销售，在价格方面给顾客的优惠。

1. 现金折扣

现金折扣，是指企业为了加速资金周转，减少坏账损失或收账费用，给现金付款或提前付款的顾客以一定的价格优惠。例如，在顾客购买时遇到的一些大额的交易中，常见 1 次付清全款可享受一定数额的现金返还，如购房；在公司与公司的交易中，常见诸如“2/10，1/20，n/30”的符号，意思是在 30 天内付清货款，而在 20 天内付清可获得 1%的折扣，10 天内付清可获得 2%的折扣。

2. 数量折扣

数量折扣，是指企业给大量购买的顾客在价格方面的优惠。购买量越大，折扣越大，以鼓励顾客大量购买。数量折扣又分为累计折扣和非累计折扣两种形式。

3. 职能折扣

职能折扣，又称同行折扣或贸易折扣。这是生产企业给予中间商或零售商的价格折扣。有的商家称之为“返点”。例如，某生产企业报价为 200 元，按价目表给中间商和零售商分别为 10% 和 15%的职能折扣，以鼓励他们经销自己的产品。

4. 季节折扣

季节折扣，是指生产季节性产品或经营季节性业务的企业为鼓励中间商、零售商或顾客早进货、早购买而给予的价格优惠。例如，冬季购买电风扇，夏季购买皮大衣，旅游淡季乘坐飞机等都可给予一定的价格折扣。采取这种策略，是为了减少企业的仓储费用，加速资金周转，实现企业均衡生产和经营。

5. 推广折扣或折让

推广折扣或折让，是指生产企业为了报答中间商在广告宣传、展销等推广方面所作的努力，在价格方面给予一定比例的优惠。

6. 以旧换新折让

企业收进顾客交回本企业生产的旧商品，在新商品价格上给予顾客折让优惠。例如，一台新洗衣机的售价为 480 元，顾客交回本厂产的旧洗衣机，那么厂方规定新洗衣机的售价为 320 元，给予顾客 160 元的价格折让。

第三节　农产品分销渠道

一、农产品分销渠道

（一）农产品分销渠道的概念

农产品分销渠道指的是各种旨在促进农产品和服务的实体流转以及实现其所有权，由生产者向消费者或企业用户转移的各种营销机构及其相互关系构成的一种有组织的系统。或者说，农产品分销渠道指农产品从生产者向消费者转移时所经过的路径或通道。因此，分销渠道主要包括商业中间商（因为他们取得所有

权）和代理中间商（因为他们帮助转移所有权）。此外，它还包括处于分销渠道的起点和终点的生产者和消费者。

（二）农产品分销渠道的含义

农产品分销渠道包含4层含义。

第一，分销渠道的起点是生产者，终点是消费者和用户。它所组织的是从生产者到消费者之间完整的商品流通过程，而不是商品流通过程中的某一阶段。

第二，分销渠道的积极参与者，是商品流通过程中各种类型的中间商。在商品从生产领域向消费领域转移的过程中会发生多次交易，而每次交易都是企业（包括个人）的买卖行为，可表示为：生产者—批发商—零售商—消费者。批发商和零售商组织收购、销售、运输、储存等活动，一个环节接着一个环节，把产品源源不断地由生产者送往消费者和用户手中。

第三，在分销渠道中生产者向消费者或用户转移产品或劳务，应以商品所有权的转移为前提。农产品从生产领域进入消费领域，通常经过加工环节。

第四，分销渠道是指某种特定产品从生产者到消费者或用户所经历的流程。分销渠道不仅反映商品价值形态变化的经济过程，而且也反映商品实体运动的空间路线。渠道中包含4种流动：商品流（所有权）、物流（实体）、资金流和信息流（双向）。

（三）农产品分销渠道的作用

1. 促进生产，引导消费

农产品只有通过市场交换，才能到达消费者手中，才能实现其价值和使用价值，企业才能盈利。营销渠道就是完成农产品从生产者到消费者的转移，起到桥梁作用。农产品营销渠道连接生产和消费，既是生产的排水渠，又是消费的引水渠。排水渠不通，农产品就不能及时销售出去，资金周转困难，农业再生产就无法顺利进行。引水渠不畅，农产品就不能及时顺利地到达消费者手中，消费需求就得不到满足。因此，对于生产者来说，不仅要生产满足消费者需要的农产品，还要正确地选择自己的营销渠道，做到货畅其流，发挥促进生产、引导消费的作用。

2. 吞吐商品，平衡供求

农产品营销渠道是由一系列商业中间人连接而成的。这些商业中间人类似于大大小小的蓄水池，在农产品供过于求的地区或季节，将农产品蓄积起来，在供不应求的地区或季节销售出去，起到吞吐商品、平衡供求的作用。农产品市场具有明显的地区性和季节性供求不平衡的矛盾，营销渠道上的商业中间人可以使这种矛盾得到缓和。

3. 加速商品流通，节省流通费用

一个生产企业依靠自己的力量出售自己的全部产品是不现实的。这要占用相当多的人力、物力、财力和时间，从长远观点和宏观经济分析是不合算的。选择合适的营销渠道，利用商业中间人的力量销售自己的产品，至少可以带来两方面的好处：一方面可以缩短流通时间，相应地缩短再生产周期，直接促进生产的发展；另一方面可以减少在流通领域中占压的商品和资金，加速资金周转，扩大商品流通，节省流通费用。

4. 扩大销售范围，提高产品竞争能力

农业企业仅仅依靠自己的力量直接向消费者出售产品，其销售范围和销售数量是非常有限的。如果选择合适的营销渠道，将产品交由商业中间人销售，则可以运输到很远的地方，从而扩大产品的销售范围。同时，一些商业中间人为了自身的利益也乐于为产品做广告，这样就有可能增加销售数量，从而提高产品的市场竞争能力。

二、农产品分销渠道基本类型

农产品分销渠道的基本类型，如图 8-2 所示。

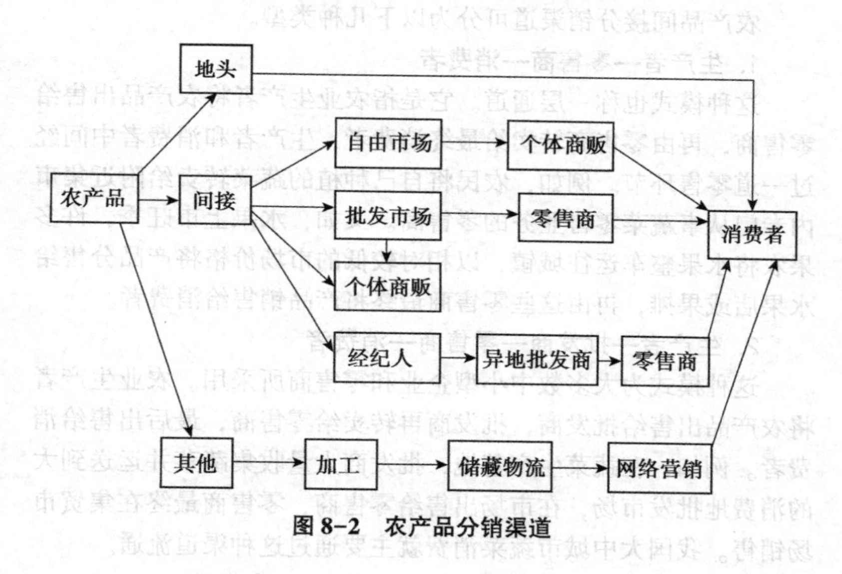

图 8-2　农产品分销渠道

（一）农产品直接分销渠道

农产品直接分销渠道是指农产品生产者直接将产品销售给消费者，不经过任何中间商，即生产者—消费者模式。这是一种最直接、最简单和最短的渠道类型，因此，也称为零级分销渠道。水果、蔬菜等鲜活农产品常用这种渠道进行销售。

（二）农产品间接分销渠道

农产品间接分销渠道是除直接渠道之外的其他渠道，即农产品流通过程中凡是经过中间商环节的营销渠道都称为间接渠道。大部分农产品的生产者缺乏市场驾驭能力，这样出现了对中间商的选择和培养，通过中间商的市场能力优势把农产品推向市场，完成农产品在流通领域中的所有权转移。根据中间商的性质和数量不同，又可以分为一级分销渠道、二级分销渠道、三级分销渠道等。

农产品间接分销渠道可分为以下几种类型。

1. 生产者—零售商—消费者

这种模式也称一层通道。它是指农业生产者将农产品出售给零售商，再由零售商转卖给最终消费者，生产者和消费者中间经过一道零售环节。例如，农民将自己种植的蔬菜转卖给附近集市内专门从事蔬菜零售业务的零售商。又如，水果上市旺季，许多果农将水果整车运往城镇，以相对较低的市场价格将产品分售给水果店或果摊，再由这些零售商最终将产品销售给消费者。

2. 生产者—批发商—零售商—消费者

这种模式为大多数中小型企业和零售商所采用。农业生产者将农产品出售给批发商，批发商再转卖给零售商，最后出售给消费者。例如，在蔬菜生产基地，批发商大量收集蔬菜并运送到大的消费地批发市场，在市场出售给零售商，零售商最终在集贸市场销售。我国大中城市蔬菜消费就主要通过这种渠道流通。

3. 生产者—收购商—批发商—零售商—消费者

这种模式是在生产者和批发商之间又经过一道收购商环节。收购商起到了集中分散货物的作用。农产品的收购商有两类：一类是基层商业部门设立的独立核算的收购站和供销社，它们收购农副土特产品，然后交给市、县商业批发企业；另一类是个体商贩，他们走街串巷收购农副产品，然后转卖给批发企业。例如，很多个体商贩到农村收购药材及土特产品，然后转卖给当地批发企业。

4. 生产者—加工商—批发商—零售商—消费者

这种模式是生产者将农产品出售给加工商，而不是批发商。采用这种方式的是原始形态不适合消费者直接消费，必须经过加

工的农产品。在这种渠道中，加工是整个农产品流通过程的主要环节，采用这种渠道模式，必须在农产品产地设有农产品加工厂，便于生产者直接出售。例如，草莓罐头、樱桃罐头等就是生产者直接将产品拿到加工厂，厂方根据产品质量及市场行情出价收购并加工制造。

5. 生产者—收购商—加工商—批发商—零售商—消费者

这种模式是收购商到生产者处收购，转卖给加工商，加工之后通过批发零售环节最终实现产品销售。这种模式同样适合那些原始形态不适合消费者直接消费，必须经过加工的农产品。同时，与前一个渠道不同的是，这类农产品大多是必须经过特殊处理才能运输，或者数量达到一定数额才能销售的产品。例如，在鸡鸭集中产区，分散在农村各地的禽羽收购商将零星收购的禽羽卖给羽绒厂加工成羽绒制品。

6. 生产者—代理商—收购商—加工商—批发商—零售商—消费者

这种模式多了代理商的环节。代理商存在的意义在于它并不拥有产品的所有权，只是代理收购并销售。例如，在我国有些农村地区，生猪收购环节中专门设置有代购代销员，他们的身份是农民，但为农村食品收购站工作。他们按其收购额的一定比例提取手续费作为报酬，这些代购代销者实际就是农村食品站的代理人。

（三）农产品分销渠道策略选择

生产者和经营者在选择农产品分销渠道时，通常必须研究 4 个方面的条件：政策因素、市场因素、产品因素和生产者因素。

1. 政策因素

政策因素是农产品生产者和经营者选择分销渠道时必须注意的重要问题。国家政策的变化决定着农产品分销渠道的取舍和变更。

2. 市场因素

市场因素包括农产品目标市场的地理位置、目标市场的平均购买力、不同地区差价的大小等。

3. 产品因素

产品因素包括产品的自然属性（即是否鲜活商品，不同重量的农产品，易储存农产品等）、产品数量以及产品的季节性。

4. 生产者因素

要考虑生产者规模和实力以及生产者控制渠道的愿望。

(四) 农产品营销直接渠道与间接渠道的比较

1. 直接渠道

(1) 优点。

①产销直接见面，市场行情反馈及时，便于生产适销对路的农产品。②节省商品流通费用，减少损耗、变质等损失。③生产者便于控制农产品的市场价格，可以独享营销利润。

(2) 缺点。农产品生产者要承担较多的商业责任，要在产品销售上投入较多人力、物力和财力。

(3) 适用范围。小规模生产者所产鲜活农产品的营销。

2. 间接渠道

(1) 优点。

①农业生产者不从事过多的产品销售业务，可以节省人力、物力和财力，集中力量搞好生产。②充分利用中间商的优势来开拓市场，扩大产品销售。

(2) 缺点。产销之间被中间商隔离，不能及时沟通产销信息。

(3) 适用范围。大规模、专业化和商业化程度较高的农产品生产者。

第四节 农产品促销

一、农产品促销及其步骤

促销是现代营销的关键。在现代营销环境中，企业仅有一流的产品、合理的价格、畅通的销售渠道是远远不够的，还需要有一流的促销。市场竞争是产品的竞争、价格的竞争，更是促销的竞争，企业的营销力特别体现在企业的促销能力上。

（一）促销的实质

促销，是指企业通过人员和非人员的方式把产品和服务的有关信息传递给顾客，以激起顾客的购买欲望，影响和促成顾客购买行为的全部活动的总称。

在市场经济中，社会化的商品生产和商品流通决定了生产者、经营者与消费者之间存在着信息上的分离，企业生产和经营的商品和服务信息常常不为消费者所了解和熟悉，或者尽管消费者知晓商品的有关信息，但缺少购买的激情和冲动。这就需要企业通过对商品信息的专门设计，再通过一定的媒体形式传递给顾客，以增进顾客对商品的注意和了解，并激发其购买欲望，为顾客最终购买提供决策依据。因此，促销从本质上讲是一种信息的传播和沟通活动。

（二）促销的步骤

为了成功地把企业及产品的有关信息传递给目标受众，企业需要有步骤、分阶段地进行促销活动。

1. 确认促销对象

通过企业目标市场的研究与市场调研，界定其产品的销售对象是现实购买者还是潜在购买者，是消费者个人、家庭还是社会团体。明确了产品的销售对象，也就确认了促销的目标对象。

2. 确定促销目标

不同时期和不同的市场环境下，企业开展的促销活动都有特定的促销目标。短期促销目标，宜采用广告促销和营业推广相结合的方式。长期促销目标、公关促销具有决定性意义。需注意，企业促销目标的选择必须服从企业营销的总体目标。

3. 设计促销信息

需重点研究信息内容的设计。企业促销要针对目标对象所要表达的诉求，并以此刺激其反应。诉求一般分为理性诉求、感性诉求和道德诉求 3 种方式。

4. 选择沟通渠道

传递促销信息的沟通渠道主要有人员沟通渠道与非人员沟通渠道。人员沟通渠道向目标购买者当面推荐，能得到反馈，可利用良好的“口碑”来扩大企业及产品的知名度与美誉度。非人员沟通渠道主要指大众媒体沟通。大众传播沟通与人员沟通有机结合，才能发挥出好的效果。

5. 确定促销的具体组合

根据不同的情况，将人员推销、广告、营业推广和公共关系 4 种促销方式进行适当搭配，使其发挥整体的促销效果。应考虑的因素有产品的属性、价格、生命周期、目标市场特点等。

6. 确定促销组合

现代营销学认为，促销的具体方式包括人员推销、广告、公共关系和营业推广 4 种。企业把这 4 种促销形式有机结合起来，综合运用，形成一种组合策略或技巧，即为促销组合。企业在确定了促销总费用后，面临的重要问题就是如何将促销费用合理地分配于 4 种促销方式。4 种促销方式各有优势和不足，既可以相互替代，更可以相互促进，相互补充。所以，许多企业都综合运用 4 种方式达到既定目标。这使企业的促销活动更具有生动性和艺术性，当然也增加了企业设计营销组合的难度。企业在 4 种方

式的选择上各有侧重。同是消费品企业，可口可乐主要依靠广告促销，而安利则主要通过人员推销。

二、农产品促销组合

促销组合指履行营销沟通过程的各个要素的选择、搭配及其运用。促销组合的主要要素包括广告促销、人员推销、营业推广和公共关系。

（一）广告

“商品如果不做广告，就好像一个少女在黑暗中向你暗送秋波。”西方流行的这句名言，充分表现了广告在营销中的独特地位。

1. 广告的含义

广告是广告主以付费的方式，通过一定的媒体有计划地向公众传递有关商品、劳务和其他信息，借以影响受众的态度，进而诱发或说服其采取购买行动的一种大众传播活动。

从以上定义可以看出，广告主要具有以下几个特点。

（1）广告是一种有计划、有目的的活动。

（2）广告的主体是广告主，客体是消费者或用户。

（3）广告的内容是商品或劳务的有关信息。

（4）广告的手段是借助广告媒体直接或间接传递信息。

（5）广告的目的是促进产品销售或树立良好的企业形象。

2. 广告的分类

广告从不同的角度可以有不同的分类方式。

（1）以产品生命周期不同阶段中广告的作用和目标为标准，可以分为告知性广告、劝说性广告、提示性广告三大类。

（2）以广告目的为标准，可以分为产品广告、企业广告、品牌广告、观念广告、公益广告等。

（3）以广告传播媒介为标准，可以分为报纸广告、杂志广告、电视广告、电影广告、网络广告、包装广告、广播广告、招贴广告、POP 广告、交通广告、直邮广告等。

(4) 以广告传播范围为标准，可以分为国际性广告、全国性广告、地方性广告、区域性广告。

(二) 人员推销

人员推销是一种古老的推销方式，也是一种非常有效的推销方式。

1. 人员推销的含义

根据美国市场营销协会的定义，人员推销是指企业通过派出销售人员与 1 个或 1 个以上的潜在消费者交谈，作口头陈述，以推销商品、促进和扩大销售的活动。推销主体、推销客体和推销对象构成推销活动的 3 个基本要素。商品的推销过程，就是推销员运用各种推销术，说服推销对象接受推销客体的过程。

2. 人员推销的特点

相对于其他促销形式，人员推销具有以下几个特点。

(1) 人员推销可满足推销员和潜在顾客的特定需要，针对不同类型的顾客，推销员可采取不同的、有针对性的推销手段和策略。

(2) 人员推销往往可在推销后立即成交，在推销现场便使顾客作出购买决策，完成购买行动。

(3) 推销员可直接从顾客处得到信息反馈，诸如顾客对推销员的态度、对推销品和企业的看法与要求等。

(4) 人员推销可提供售后服务和追踪，及时发现并解决产品在售后和使用及消费时出现的问题。

(5) 人员推销成本高，所需人力、物力、财力和时间量大。

(6) 某些特殊条件和环境下人员推销不宜使用。

3. 人员推销的步骤

人员推销一般经过以下 7 个步骤。

（1）寻找潜在顾客。即寻找有可能成为潜在购买者的顾客。潜在顾客是一个“MAN”，即具有购买力（Money）、购买决策权（Authority）和购买欲望（Need）的人。

（2）访问准备。在拜访潜在顾客之前，推销员必须做好必要的准备。具体包括了解顾客、了解和熟悉推销品、了解竞争者及其产品、确定推销目标、制订推销的具体方案等方面。不打无准备之仗，充分的准备是推销成功的必要前提。

（3）接近顾客。接近顾客是推销员征求顾客同意接见洽谈的过程。接近顾客能否成功是推销成功的先决条件。接近顾客要达到3个目标：给潜在顾客一个良好的印象，验证在准备阶段所得到的信息，为推销洽谈打下基础。

（4）洽谈沟通。这是推销过程的中心。推销员向准客户介绍商品，不能仅限于让客户了解你的商品，最重要的是要激起客户的需求，产生购买的行为。

（5）应付异议。推销员应随时准备应付不同意见。顾客异议表现在多个方面，如价格异议、功能异议、服务异议、购买时机异议等。有效地排除顾客异议是达成交易的必要条件。一个有经验的推销员面对顾客争议，既要采取不蔑视、不回避、注意倾听的态度，又要灵活运用有利于排除顾客异议的各种技巧。

（6）达成交易。达成交易是推销过程的成果和目的。在推销过程中，推销员要注意观察潜在顾客的各种变化。当发现对方有购买的意思表示时，就要及时抓住时机，促成交易。为了达成交易，推销员可提供一些优惠条件。

（7）事后跟踪。现代推销方式表明，成交是推销过程的开始。推销员必须做好售后的跟踪工作，如安装、退换、维修、培训及顾客访问等。对于VIP客户，推销员特别要注意与之建立长期的合作关系，实行关系营销。

(三) 营业推广

1. 营业推广的含义

营业推广，也称销售促进，它是企业用来刺激早期需求或强烈的市场反应而采取的各种短期性促销方式的总称。

一般来说，市场占有率较低、实力较弱的中小企业，由于无力负担大笔的广告费，对所需费用不多又能迅速增加销量的营业推广往往情有独钟。

2. 营业推广的方式

(1) 面向消费者的营业推广方式。

• 赠送促销：向消费者赠送样品或试用品，赠送样品是介绍新产品最有效的方法，缺点是费用高。样品可以选择在商店或闹市区散发，或在其他产品中附送，也可以公开广告赠送，或入户派送。

• 折价券：在购买某种商品时，持券可以免付一定金额的钱。折价券可以通过广告或直邮的方式发送。

• 包装促销：以较优惠的价格提供组合包装和搭配包装的产品。

• 抽奖促销：顾客购买一定的产品之后可获得抽奖券，凭券进行抽奖获得奖品或奖金，抽奖可以有各种形式。

• 现场演示：企业派促销员在销售现场演示本企业的产品，向消费者介绍产品的特点、用途和使用方法等。

• 联合推广：企业与零售商联合促销，将一些能显示企业优势和特征的产品在商场集中陈列，边展销边销售。

• 参与促销：吸引消费者参与各种促销活动，如技能竞赛、知识比赛等活动，参与者可以获取企业的奖励。

• 会议促销：各类展销会、博览会、业务洽谈会期间的各种现场产品介绍、推广和销售活动。

(2) 面向中间商的营业推广方式。

• 批发回扣：企业为争取批发商或零售商多购进自己的产品，在某一时期内给经销本企业产品的批发商或零售商加大回扣比例。

• 推广津贴：企业为促使中间商购进企业产品并帮助企业推销产品，可以支付给中间商一定的推广津贴。

• 销售竞赛：根据各个中间商销售本企业产品的业绩，分别给优胜者以不同的奖励，如现金奖、实物奖、免费旅游、度假奖等，以起到激励的作用。

• 扶持零售商：生产商对零售商专柜的装潢予以资助，提供 POP 广告，以强化零售网络，促使销售额增加；可派遣厂方信息员或代培销售人员。生产商这样做的目的是提高中间商推销本企业产品的积极性和能力。

(3) 生产商对推销员的推广方式。

生产商为了调动推销员的积极性，经常运用销售竞赛、销售红利、奖品等办法对推销员进行直接刺激。

(四) 公共关系

从营销的角度讲，公共关系是企业利用各种传播手段，沟通内外部关系，塑造良好形象，为企业的生存和发展创造良好环境的经营管理艺术。

1. 公共关系的要素

公共关系的构成要素分别是社会组织、传播和公众，它们分别作为公共关系的主体、中介和客体相互依存。社会组织是公共关系的主体，它是指执行一定社会职能、实现特定的社会目标，构成一个独立单位的社会群体。在营销中，公共关系的主体就是企业。公众是公共关系的客体。公众是面临相同问题并对组织的生存和发展有着现实或潜在利益关系和影响力的个体、群体和社会组织的总和。企业在经营和管理中必须注意处理好与员工、顾客、媒体、社区、政府、金融等各类公众的关系，为自己创造良好和谐的内外环境。

社会组织与公众之间需要传播和沟通。传播是社会组织利用各种媒体，将信息或观点有计划地对公众进行交流的沟通过程。社会组织开展公关活动的过程实际上就是传播沟通过程。

2. 公共关系的特征

作为一种促销手段，公共关系与前述其他手段相比，具有以下几个特点。

(1) 以公众为对象。公共关系是一定的社会组织与其相关的社会公众之间的相互关系。社会组织必须着眼于自己的公众，才能生存和发展。公共关系活动的策划者和实施者必须始终坚持以公众利益为导向。

(2) 以美誉为目标。塑造形象是公共关系的核心问题。组织形象的基本目标有两个，即知名度和美誉度。所谓知名度是指一个组织被公众知道、了解的程度以及社会影响的广度和深度。所谓美誉度是指一个组织获得公众信任、赞美的程度以及社会影响的美、丑、好、坏。在公众中树立组织的美好形象是公共关系活动的根本目的。

(3) 以互惠为原则。公共关系是以一定的利益关系为基础的。一个社会组织在发展过程中要得到相关组织和公众的长久支持与合作，就要奉行互惠原则，既要实现本组织目标，又要让公众获益。

(4) 以长远为方针。一个社会组织要想给公众留下不可磨灭的组织形象，不是一朝一夕之功所能及的，必须经过长期的、有计划、有目的的艰苦努力。

(5) 以真诚为信条。以事实为基础是公共关系活动必须切实遵循的基本原则之一。社会组织必须为自己塑造一个诚实的形象，才能取信于公众。精诚所至，金石为开，真诚往往能产生最大的说服力。唯有真诚，才能赢得合作。

（6）以沟通为手段。没有双向沟通过程，主客体之间的关系就不会存在，社会组织的良好形象也无从产生，互惠互利也不可能实现。要将公共关系目标和计划付诸实践，必须要有双向沟通的过程。

第五节 农产品品牌管理

一、品牌的组成部分

（一）品牌名称

品牌名称是品牌中可以被读出声音的部分，例如，“康师傅”“德青源”“汇源”等都是我国著名的品牌名称。

（二）品牌标志

品牌标志是品牌中可以识别但不能读出声的部分，常常为某种符号、图案或其他独特的设计，如著名的“康师傅”牌方便面中的厨师图案、“雀巢”品牌中“鸟巢”的图案等。部分著名农产品品牌标志，见图 8-3。

图 8-3 部分著名农产品品牌标志

二、创建农产品品牌的作用与意义

品牌是一个企业的无形资产，它在无形之间为企业的发展提供了保障。正是因为可口可乐公司拥有一个良好的品牌形象，其公司总裁伍德拉夫才敢说："即使可口可乐公司在全球的所有工厂一夜之间化为灰烬，但凭借'可口可乐'这个品牌，它将很快复苏，仍将生机勃勃。"由此可见，良好的品牌形象对企业的生存发展具有相当重要的作用。

（一）农产品品牌能够满足消费者的需要

一个具有良好品牌形象的农产品必定为消费者提供高质量、合理价格和高满意度的保证。只要农产品的品牌形象保持不变，在没有品牌危机的情况下，消费者就会继续给予支持，反之，如果消费者对农产品的品牌产生了怀疑与不信任或某个品牌不能满足消费者的需求，消费者就会舍弃这个品牌。消费者往往会对某一特定品牌形成一种特定认可，一旦某一品牌得到此认可，这一品牌就会拥有其独有的忠诚客户。这不但使其节省了大量的购买时间，还满足了消费者的需求。所以说一定要建立属于自己的农产品品牌，用品牌征服消费者。

（二）品牌能够帮助产品营销

1. 品牌有利于销售量增长

良好品牌形象，有利于得到消费者的认可，从而实现品牌忠诚度的提高。当忠诚客户需要农产品时，就会自然而然地想到心目中的这个品牌，这在无形中增加了销售量。并且忠诚客户在使用这个品牌的农产品的同时还会向周围的其他人介绍，使销售量上升，达到了口碑宣传的效果。口碑宣传是最有力的宣传手段，并且不需要支付任何费用，在降低了宣传成本的同时，也提高了宣传的效果。

2. 品牌有利于农产品管理溢价

众所周知，一个名牌产品价格往往比非名牌产品的价格高出很多，就苹果而言，没有品牌的优质苹果只要每千克 1.6 元，而同等质量的品牌苹果则要每千克 3~4 元。针对这种情况大部分

人表示无意见，而且还购买并予以支持。这就是品牌的溢价效应，能给企业带来更丰厚的利润。

(三) 促进标准化生产管理

对于无品牌的农产品生产加工来说，基本上是生产者根据自己所掌握的经验去生产销售，没有统一的标准，每个人都有自己的见解，所生产出来的农产品质量和规格并不是相同的。如果建立了品牌就要求生产者必须执行标准化的生产和管理，严格确保每个商品的质量，提高了从生产到流通再到销售的可控性。

(四) 带动基地建设，促进经济发展

农产品的品牌不同于工业和服务业的品牌，其往往是一个品牌带动一个地域，这就要求政府出面组织建设，保证生产者也就是农民的利益，在政府组织下农民自愿加入，保证品牌的运作。农产品基地的建设促进了农民收入的增加，保证了第一产业的健康发展，促进了地方经济的增长，更保障了国家建设的有序进行。

(五) 提高农产品的市场竞争力

自从中国加入 WTO 之后，我国商品屡遭国外质量标准的限制，导致我国农产品出口呈逆差状况。品牌是构成企业核心竞争力的主要元素。政府和企业通过品牌建设，强化品牌意识，整合品牌资源和优化资源配置，扩大企业规模，实现农业产业升级，全力打造农产品知名品牌，形成品牌效应，增强企业实力，形成规模生产、标准化生产，保证了产品质量，有力地提升了农产品的市场竞争力，促进了农产品的出口。

三、品牌归属策略

商品品牌的归属主要有以下几种选择。

1. 生产者品牌策略

生产者品牌策略即品牌的使用权归属制造商，这是一种普遍使用的策略。产品的性能和质量由生产者决定，随着广告费用的投入和消费者认可度的增加，会不断地增加市场份额，中间商参与的积极性也会大大提高，所有有能力的生产者应尽可能地使用自己的品牌。

2. 中间商品牌策略

中间商品牌策略是指生产者把商品卖给中间商，中间商使用自己的品牌把产品转售出去的品牌策略。

3. 混合品牌策略

混合品牌策略是指产品同时使用生产者品牌和销售者品牌，也被称为双重品牌策略。这种策略比较灵活，可以适应不同的营销条件，也可作为过渡性策略使用。

四、品牌统分策略

品牌统分策略主要体现为以下 4 种。

1. 统一品牌策略

统一品牌策略，是指企业将自己生产的全部产品或同一产品线的产品，都选用同一个品牌，也被称为家族品牌策略。如金利来公司的品牌涵盖该公司所有产品；健力宝公司的饮料类产品都用“健力宝”品牌。采用统一品牌策略具有以下优势：有利于显示企业的实力，树立企业形象；可带动新产品顺利上市；可节省广告费用，起到较好的宣传效果。但统一品牌不宜用于原有声誉、形象一般或较差的企业，它一般只适用于价格、品质和目标市场大致相似的产品。

2. 个别品牌策略

个别品牌策略，是指一个品牌只用于一种产品的策略。如宝洁公司在中国生产的洗发水分别使用“飘柔”“海飞丝”“潘婷”“沙宣”等品牌，洗衣粉使用“汰渍”“碧浪”等品牌。个别品牌策略有利于用品牌把不同产品的特征、档次和目标顾客的差异

区分开来，同时可使一种产品的失败不会影响到企业全部的产品和声誉。不断开发的新产品采用新品牌，可给人以蒸蒸日上、发展势头良好的印象。但个别品牌策略的成本高，企业广告费用投入大，力量分散，不利于创建名牌。

（三）统一品牌加个别品牌策略

统一品牌加个别品牌策略，是指对不同产品使用不同品牌的同时，给每个品牌冠以统一的品牌或企业名称。

（四）分类品牌策略

分类品牌策略，是指企业对所有产品在分类的基础上对各类产品使用不同的品牌。如法国欧莱雅化妆品国际集团公司拥有不同价位的产品线。“兰蔻”面对富有阶层，“美宝莲”“欧莱雅”则走大众路线。

五、品牌扩展策略

品牌扩展策略是指企业利用其成功品牌名称的声誉来推出改良产品或新产品，包括推出新的包装规格、香味和式样等。此外，还有一种品牌扩展，即企业在其耐用品类的低档产品中增加一种式样非常简单的产品，以宣传其品牌中各种产品的基价很低。

六、多品牌策略

多品牌策略是指企业同时经营两种以上互相竞争的品牌，这种策略由宝洁公司首创。传统的营销理论认为，第一品牌延伸能使企业降低成本，易于被顾客接受，便于企业形象的统一。

七、品牌重新定位策略

品牌重新定位，是指全部或部分调整、改变品牌原有市场定位的情况。当出现下列情况时，企业需要运用重新定位策略：竞争者推出一个品牌，与本企业品牌定位十分相似，侵占了本企业的品牌的一部分市场定位，使本企业的品牌市场占有率下降，这种情况要求企业进行品牌重新定位。有些消费者的偏好发生了变化，他们原来喜欢本企业的品牌，现在喜欢其他企业的品牌，因而市场对本企业的品牌的需求减少了，这种市场情况变化也要求企业进行品牌重新定位。

企业在制定品牌重新定位策略时，要全面考虑两方面的因素：一方面，要全面考虑自己的品牌从一个市场部分转移到另一个市场部分的成本费用，一般来讲，重新定位距离越远，其成本费用就越高；另一方面，还要考虑把自己的品牌定在新的位置上能获得多少收入。

八、农产品品牌建设的三大要素

（一）建立品牌价值链

建立品牌价值链的方法包括以下几种。

1. 抢产地，变产品公地为品牌公地

很多地方特色农产品以产地来进行区隔，如白洋淀的鸭蛋、阳澄湖的大闸蟹、龙口粉丝、西湖龙井茶等。消费者对于农产品的地域性优势非常认可。因此，如果能够将产地的优势抢占为品牌价值链，将为品牌成为品类老大创造最重要砝码。龙口粉丝具有 300 多年的悠久历史，龙口粉丝堪称是中国优质粉丝的代名词，但是龙口粉丝却没有行业领导者。消费者对龙口粉丝的认识不清楚，离产地山东省越远的区域越不清楚。龙大粉丝发现大好良机，抢先发声，一句“龙口粉丝，龙大造”一经中央电视台播出立即引起轰动，订单像雪花般飞向龙大，进货车排出几里路，生产人员连续加班生产。龙大集团巧妙抢占龙口粉丝产地优势，成为龙口粉丝代言人及粉丝品类老大，龙大粉丝连续多年在中国粉丝市场占有率排名第一，是粉丝行业目前唯一的全国性品

牌。直到现在，许多消费者都还以为龙大集团在龙口呢！

2. 抢工艺，地方特产独家占

百年老店为什么经久不衰？王致和的臭豆腐为啥就比别人的臭？乌江榨菜为什么成为涪陵榨菜的品类代言？这其中很重要的因素就是特殊工艺。对于百年老店或是特色小吃而言，最关键的就是家传秘方或是独特工艺。因此，如果将“特殊工艺”据为己有，并将特产工艺化限定，也将形成品牌最有竞争力的价值链。

3. 抢文化，地方文化独家占

五千年中华灿烂文化，每一种特色产品都是有故事的。品牌故事背后就是地方特色文化的浓缩。“20 世纪玩经济，21 世纪玩文化”，抢占一方文化也是打造农产品品牌价值链的重要方法。

4. 抢标准，为跟进者断路

做品牌的最高境界是做标准。做标准的企业往往在行业最有发言权。对于标准不一的农产品而言，标准显得更为重要。在我国，以前各品牌抢标准，主要集中在无公害、绿色、有机 3 项最感性的硬指标上。这些农产品最重要的外衣，随着国家监控的缺失和行业标准的滥用，已经成为农产品的最低门槛。目前农产品已经从土特产步入商品行列，衡量标准也在发生改变。对于农业产业化龙头企业要学会与时俱进，与现代消费接轨。如“六个核桃”“九个枣”，消费者已经不关心这个核桃、枣产自哪里，是不是绿色、有机，数字量化是商品价值最好的传达方式。

宛西制药利用西峡当地特产香菇推出仲景香菇酱，如何建立价值链？西峡香菇全国有名，但是仅“西峡香菇”这一名称，销售力是不强的。面对瓶中粒粒香菇颗粒，推广人突发奇想：何不化整为零，从菇粒入手？出乎所有人意料，一罐香菇酱里竟然有 300 多粒香菇颗粒！香菇有营养地球人都知道，但是香菇有多少种营养很多人未必知道。专家发现，香菇含有不下 30 种营养。

最终仲景香菇酱价值链浮出水面：300 粒香菇 21 种营养。仲景公司通过树标准，实现消费者心智占位，对后进香菇酱跟随者进行了有力的战略防御。

5. 打造全产业链，让对手无懈可击

全产业链是中粮集团提出的，中粮产品品类丰富，几乎包括了从原料生产到食品加工的所有环节。在上游，中粮集团从选种、选地，到种植、养殖等环节严格把控，宏观调控产品结构；在加工环节，中粮集团实现了对产品品质的全程控制，确保食品安全；在下游，中粮集团通过技术研发和创新，向消费者提供更多的健康、营养的食品，最终实现“从田间到餐桌”的全产业链贯通。全产业链是品牌最好的价值链，却不是每个企业都能实现的，因此，每个涉及企业需要进行简化实战性构建。

（二）塑造品牌形象

农产品完成了品牌价值链构建，就像一个人有内涵。但是光有内涵还不够，还要有气质，气质就是外在表现，这主要靠包装。包装是载体和外在。表现，也是农产品品牌塑造的第二门必修课。目前大多数的农产品包装相对土气，缺少让人眼前一亮的感觉，很多产品选择塑料袋或者瓦楞纸箱包一下，或用竹篓、塑料编织袋包装，几十千克 1 件，更谈不上包装设计、品牌宣传了。事实上这样的包装往往让人感觉档次低，没有视觉冲击力，难以建立鲜明的品牌形象，无法吸引高端消费群的眼球。农产品作为特产一定要作出个性，作出品位，与现代消费者的审美观接轨。塑造品牌形象，可以从以下几种风格入手。

1. 原生态形象

农产品企业最容易犯的错就是把形象做得太土，土不可怕，别土得掉渣。虽然现代人追求亲近自然，但是更喜欢的是那种与世无争的原生态意境。因此，作为农产品品牌形象塑造而言，最好的外在美就是要有一套原生态外衣，原汁原位、原生淳朴、原

生品味、原生态的风格，人人喜欢。

2. 文化形象

消费者有时候往往并不了解产品本质，往往借助于包装设计、品牌背书才能感觉到，这一点是许多农产品企业所忽视的。每一个农产品背后都是有故事的。特色农产品的地域特点鲜明，在形象塑造上要注重地域特色和文化挖掘。在品牌背书上，一方面要切合消费者追求高品位文化的消费心理；另一方面要将产品文化底蕴进行全面诠释，与包装融为一体，烘托出品牌的文化气息。

3. 时尚形象

这也是很多中国农产品品牌形象塑造上的常见手法。这种风格相对比较大胆，是对传统意义上的农产品的颠覆。但是，由于中国消费者强烈的崇洋心理，也是很有市场。农产品也需要时尚。因为，随着消费观念的不断发展，审美也在大幅度提高。

(三) 快速占据消费心理

现在的媒体多样化已经改变了人们过去传统传播的路径和方式，农产品品牌的打造，不仅要借助传统的媒体，还应借助更多的其他媒体和路径。福来认为，农业产业化企业除了营销缺失，资金也是短板，在当前信息过度的环境下，终端媒体化、网络传播、植入式广告、公关传播更能入眼入心，实现四两拨千斤、花小钱办大事的效果，这些将是农产品进行品牌传播的重要方式。

1. 公关借势

公关借势就是利用媒体的高度关注和传播，将事件通过公关手段转化为增加品牌知名度和美誉度的契机，帮助品牌引发多米诺骨牌式的口碑效应。蒙牛的“每天一斤奶，强壮中国人”就是通过看似公益的公益口号，一下子拉动了大规模的消费。

2. 品牌植入

品牌植入就是别人搭台你唱戏，避免广告硬性说教，使消费者不经意间挨上温柔一刀。提起植入式广告，相信大家并不陌生。当年，电视剧《大宅门》掀起了一股收视热潮，而剧中对传统中药阿胶的生产、制作和食用的真实再现，让人们对阿胶的认识不再是冷冰冰的。至今东阿阿胶在行业龙头老大的地位仍无人能撼。

3. 网络推广

网络作为新锐媒体，这几年发展很快，已经成为很多农产品品牌的重要宣传、推广手段。

【案例】

渭南黄河金三角物联网产业基地有限公司成立于2012年，隶属于陕西苹果电子交易市场有限公司，是立足于对陕西省农业特色资源的优化整合，按照“互联网（移动互联网）+”农业电商模式创建的一家现代农业企业。近年来，公司确立平台战略，率先开发陕西苹果产业及市场资源的大数据库，创新在全省范围实施苹果等涉农物联网技术集成应用试点工程，把市场进一步延伸到社区，精准定位到商铺店面和群体个人，建成了农业互联网全产业链服务平台。平台以农业大数据、农业物联网、农业移动互联技术应用为核心，在农业生产、农产品加工、流通、营销、金融服务等领域跨界融合、全产业链贯通，实现了消费需求与农业生产的“订单式”对接，创新了农产品的市场营销模式与流通体系。

公司依靠“互联网+”全新农业电商模式，主要运营四大核心业务模块：智慧农业以农业物联网技术解决农产品标准化，“农富宝”整合农村便利店解决了农村双流通难题，“商富宝”平台智慧社区菜市场解决了市民菜篮子工程，智慧物流降低了农

产品流通损耗，真正形成了以互联网大数据为依托的新型农业全产业链服务体系，实现了农产品交易的“足不出户”。一是通过电商平台建设，整合各方资源，构建了农业领域特色的大数据研究中心；二是通过大数据采集和加工处理，建设完成中国第一个专业的农业数据资源中心；三是通过农业大数据采集、存储、处理、挖掘、展现等相关技术，形成了涉农产业互联网大数据及产业化应用平台；四是通过大数据共享，构建了专业服务农民、政府、涉农企业的权威成果发布平台。

参考文献

顾美君，李志敏. 2011. 市场营销［M］. 长沙：湖南师范大学出版社.

郭炯，王宗莉. 2013. 经济法［M］. 北京：中国建材工业出版社.

郭现芳. 2012. 企业战略管理［M］. 成都：西南财经大学出版社.

侯怀霞. 2012. 经济法案例法条·评析［M］. 北京：中国法制出版社.

兰炜. 2010. 市场营销理论与实务实训［M］. 北京：北京交通大学出版社.

廖媛红. 2013. 农产品市场营销［M］. 北京：中国农业科学技术出版社.

王水清. 2012. 市场营销基础与实务［M］. 北京：北京邮电大学出版社.

吴晓萍. 2010. 网络营销［M］. 北京：北京交通大学出版社.

张守文. 2012. 经济法学（第2版）［M］. 北京：中国人民大学出版社.

周涛，吴思莹. 2011. 市场营销策划［M］. 武汉：武汉大学出版社.